JN271493

# フューチャー・デザイン

七世代先を見据えた社会

西條辰義［編著］

keiso shobo

FUTURE DESIGN

# はしがき

映画〝Wood Job!〟をご覧になっただろうか(1)。高校を卒業したものの、大学入試に失敗した主人公の勇気が、一年間、三重の山奥の村で林業に就く、という話である。材木のせりで「この木、一本八〇万円」ということを知り、それなら「この山みんな切り出したら億万長者」と思う。それを聞いた親方たちは、「先祖が植えたもん全部売ったら、次の世代、その次の世代はどうするんや、わしらの仕事の結果が出るのはおれらが死んだ後や」と勇気を諭す。勇気は森の仕事をしながら祖先のこと、子孫のことを思う林業者の心根に感動するのである。

実は「この山みんな切り出したら億万長者」をサポートしてきたのが、市場制と民主制であると共に大儲けを自然と考えてしまうヒトの特質である。市場制は人々の短期的な欲望を実現する非常に優秀な仕組みではあるものの、将来世代を考慮に入れて資源配分をする仕組みではない。一方、市場制を補うはずの民主制も現在生きている人々の利益を実現する仕組みであり、将来世代を取り込む仕組みではない。良心的な政治家もいるものの、代議制で選ばれた人々の最大の関心事は、自己が次の選挙で当選することであり、将来世代を考慮に入れて今行動することではない。さらには、ヒトそのものも自己の生存確率を高めるために、過去のいやなことは忘れ、今の快楽を追い求め、将来を楽観的に考えるように進化した可能性が大である。市場制、民主制、ヒトの楽観性の三つの要素で「この山みんな切り出したら億万長者」を目指した、ないしは目指している時期が二〇世紀から今世紀にかけてではなかろうか。いわば、将来世代の様々な資源を惜しみなく奪っているのが現世代である。(2)

それでは、どうしたらよいだろうか。林業を営む人々のように祖先に感謝し子孫を思えばそれでよい、と楽観的に考えてしまうのではないだろうか。ところが、現世代のほとんどの人々は祖先から子孫の間に自己が位置していると自然に思えるような状況にはおかれていない。この難点を克服するアイデアを提案したのがイロコイ・インディアンである。詳細は第1章で示すが、彼らは重要な意思決定をする際、七世代後の人々になりきって考えるというのである。七世代後とは、自分の直系の子孫ではなく、自己の血縁の系列では想像のできない世界を指す。つまり、きちんと「意識」して仮想将来世代を現代につくり、彼らが意思決定をするのである。

イロコイは、現世代に「この山みんな切り出したら億万長者」を目指させない「社会装置」をデザインしたのである。いわば、将来をデザインする「仕組み」を社会の中に組み込んだのである。我々の社会の中にそのような装置はあるのだろうか。ご近所、市議会、国会で、参加者たちがいっせいに、たとえば一〇〇年後の世代になったと想定し、意思決定をしようなどという場面は見たこともないし、将来世代を代表する将来議院や将来議員など聞いたことがない。我々はイロコイが考えたような装置を社会の中でデザインしていないのである。

七世代後の社会を考えての意思決定は単純ではない。七世代後の人々にとって「よい」ことは、現世代にとって「わるい」ことであるかもしれない。「この山みんな切り出し」ているのが現世代だとするなら、現世代が切り出すことを中止する意思決定は簡単にはできない。現世代が現状よりもへこむ、つまり損をせねばならないからである。この意味で、上手に社会の仕組みをデザインすることによってどの世代もよくなることはありえない。しかし、現世代と将来世代が交渉し、両者が納得する意思決定はあり得る。ただし、将来世代は現代に存在しない。

「フューチャー・デザイン」の出発点は二〇一二年春にさかのぼる。大阪大学環境イノベーションデザインセンターに集う若い研究者たちと、イロコイのアイデアに基づき仮想将来世代をどのようにして創造するのかというテーマからはじめたのである。最初は「七世代研究会」と命名し、理系・文系を問わず、しかも、各研究者のバックグラウンドに固執することなく、原子力を含むエネルギー、水、森林、イノベーション、財政赤字などの問題について、仮想将来世代をどのように導入すればよいのか、導入すればどのように変わるのかについて自由に議論すること、授業の中で討議実験をすることから出発したのである。

次のステップでは、仮想将来世代の専門家集団を構築する可能性を検討し、「将来省」や「将来課」を考え、ワークショップの名称が「七世代研究会」から「将来省プロジェクト」へと変化した。これを経て、我々が考えているのは、社会の中に特定の部局を作るのが目的ではなく、将来世代を考慮に入れ、様々な変動からレジリエントな（復元力のある、耐性のある）制度、構造的に安定的な制度そのもののデザインであることに気づき、プロジェクト名が「フューチャー・デザイン」となった。

未完成ながら、本書の各章で、どのように将来をデザインするのかを示しているが、我々は、将来の社会制度のデザインそのものが理系・文系を問わず、新たなサイエンスになる可能性を秘めていることに気づいている。さらには、メンバーの多くが、フューチャー・デザインを科学する将来学部や将来学大学院をも視野に入れるようになっている。楽観的かもしれないが、そのような学部や大学院を経た人々が将来省や将来課、企業の将来セクションに配置され、羨望される社会の出現を想定しているのである。とはいえ、本書はフューチャー・デザインのささやかな第一歩であり、一冊目である。議論の稚拙な部分や不完全な部分が残っているかもしれない。これを契機にもっと多くの人々の参加を得て、フューチャー・デザイン・カンファレンスなどを企画する予定である。

本書の作成にあたって、大阪大学環境イノベーションセンターの掛下知行教授、山中伸介教授、池道彦教授、下田吉之教授、東京大学の梅田靖教授、神戸大学の瀋俊毅教授、東北大学の馬奈木俊介教授、同志社大学の田口聡志教授、京都大学の栗山浩一教授、三谷羊平講師、一橋大学の吉原直樹教授、後藤玲子教授、高知工科大学の佐久間健人学長、磯部雅彦副学長、高知工科大学制度設計工学研究センターの研究者の皆さん、ハワイ大学の Katerina Sherstyuk 教授、樽井礼准教授、アカデミア・シニカの Daigee Shaw 博士、日本国際問題研究所の西村六善氏、日本評論社の道中真紀氏、岩手県矢巾町の吉岡律司氏、吹田市環境部・下水道部・道路公園部の皆さんらのサポートに感謝したい。勁草書房の永田悠一氏からは、七世代研究会の頃から様々なアイデアをいただいている。彼のサポートがなければ本書は日の目をみなかったかもしれない。さらには、日本学術振興会の科研費・基盤研究A（24243028）からもサポートをいただいた。記して感謝したい。

二〇一五年一月　シャーマン・オークス、カルフォニアにて

西條辰義

**注**

（1）原作は、三浦しをん『神去なあなあ日常』徳間書店、二〇〇九。http://www.woodjob.jp/ も参照。

（2）話をややこしくしている点として、「この山みんな切り出したら億万長者」を実行した人々がいる反面、そうしなかった人々がいることである。前者は資産を蓄え一％の富者ないしは有閑階級になったものの、後者は九九％の貧者となったのである（スティグリッツ『世界の九九％を貧困にする経済』徳間書店、二〇一二を参照されたい）。さらに話をややこしくしている点は、九九％の貧者の中には富者が提供する仕事に従事し、それから発生したイノベーションなどのおこぼれ（豊かな生活）に与かっている人々もいれば、そうでない人々もいることである。

# フューチャー・デザイン　七世代先を見据えた社会

目次

はしがき

# 第1章　フューチャー・デザイン

西條辰義

## 1　七世代持続可能性

二〇一二年三月二日、マサチューセッツ大学にて社会的ジレンマに関わるセミナーをした日の夕食会の時の話である。現在の意思決定が将来世代に多大な影響を及ぼすような問題について、そもそも将来世代は存在しないので、彼らとは交渉すらできない、という話題を始めた。私は、将来世代ではないものの、現世代の中に将来世代のことのみを考える集団を構築し、その集団と交渉するような枠組みを考えたらどうか、というアイデアを提案し、この集団を"Ministry of the Future"と名付けた。そのとき、カルフォニア大学時代の教え子のジョン・ストランランド教授の奥様であるローラさんが、そのような考え方を実行している人々がすでに存在するという話を始めた。イロコイ・インディアンである。

イロコイ連邦の憲法である「偉大な結束法（The Great Binding Law）」によると、「すべての人々、つまり、現世代ばかりでなくまだ生まれていない将来世代を含む世代を念頭におき、彼らの幸福を熟慮せよ（Look and listen for the welfare of the whole people and have always in view not only the present but also the coming generations, even those whose faces are yet beneath the surface of the ground - the unborn of the future Nation）」とのことである。(1) 「連邦」というのは、一七世紀に五大湖周辺の五部族が同盟したからである。一八世紀前半に新たな部族が加わり六連邦となった。この連邦を束ねる憲法に相当するのが「偉大な結束法」である。実は、このイロコイ連邦は、アメリカ合州国の政治体制のデザインそのものに多大な影響を与えている。(2) アメリカの一三の植民地は、イギリスからの独立を目指して、当時のヨーロッパとは異なる新たな政治体制を構築するために、「連邦」のあり方を含む様々なアイデアをイロコイから学んだのである。長くなるが、建国二〇〇年に際し、故ダニエル・イノウエ上院議員が提出した連邦議会両院共同決議案を引用しよう。(3)

合州国第一〇〇連邦議会「合州国憲法成立に対するイロコイ連邦の貢献を認め、憲法で定められたインディアン諸部族と合州国との政府間関係を追認する両院共同決議案七六号」（一九八七年九月一六日上程、一九八八年一〇月七日採択）

ジョージ・ワシントンとベンジャミン・フランクリンに代表される憲法制定者たちが、イロコイ六邦連邦の諸理念、諸原理、および統治実践を大いに称賛したと知られていることに鑑み、当初の一三植民地が一つの共和制へと連合するにあたり、イロコイ連邦をはっきりと模範にし、同連邦におけるその他の民主原理を合州国憲法そのものにも取り入れたことに鑑み、

（中略）

上院は（下院と共同で）以下、決議する。

一　連邦議会は合州国憲法制定二〇〇周年を記念して、アメリカ共和制がイロコイ連邦その他のインディアン諸邦に対し、彼らの開明的かつ民主的な統治原理と、独立したインディアン諸邦による自由な連合の模範から受けた歴史的恩義を認めるものである。

二　連邦議会はまた、憲法に定められ、わが国が歴史的にインディアン政策の基礎としてきたインディアン諸部族との政府間関係を、ここに再確認するものである。

（後略）

つまり、イロコイたちのアイデアは人類史上の視点からは、傍流というよりも、本流の一部であると考えるべきであろう。また、未完成ではあるものの本書で提示するフューチャー・デザインのアイデアそのものも、荒唐無稽というよりも、我々が通過せねばならない必要不可欠な新たな壁なのかもしれない。

以下では、まず、現代を支える二つの仕組みである市場制と民主制が、ともに将来世代の資源を

「惜しみなく奪う」制度であることを概観する。次に、ヒトの特性である楽観バイアスが将来世代との緊張関係を生んでしまうこと（楽観バイアスジレンマ）を考察する。そのため、これらを補完する仕組みが必要不可欠であることをみる。そのような制度を考える新たな枠組みがフューチャー・デザインである。

## 2　ヒトの三つの特性

スタンフォード大学の生物学者・神経科学者であるロバート・サポルスキーによると、ヒトには三つの特性があるのだそうだ。[4] 彼自身の意図とは異なるかも知れないが、私流の解釈を試みたい。[5]

一つ目は「相対性」である。我々の五感は、各々の絶対量というよりも、その変化に鋭く反応する。たとえば、少しでも暗くなったり、音が変化したりすると、それを敏感に感じ取るのである。これは変化が危険につながる可能性があるので、自己の生存確率を高めるためにはどうしても変化に反応できる体勢を作らざるを得ないからであろう。この意味で、たとえば、絶対量としての明さというよりも、その変化、すなわち微分値に反応するというのが相対性であろう。[6] もちろん、相対性は個人の五感にとどまるものではない。ヒトの脳は、他者との相対的なポジションに鋭く反応するという。ライオンに追われるヒトの集団の中で生き残るためには、逃げ足が絶対的に速いことではなく、最後尾にならないことである。

二つ目は「社会性」である。ヒトは個々の肉体的な能力が他の動物と比してより発達しているわけではない。馬とまでいわなくても、犬と比べても早く走れるわけではないし、嗅覚が鋭いわけでもない。そのようなヒトが他の哺乳類と比して生き延び、さらには栄えるためには、人同士の関係のディープな理解がどうしても必要であったのだろう。たとえば、大型の動物の狩りは、一人ではできなかったに違いない。複数の人々が何らかの連携を取り、コミュニケーションを取りつつ、目的を達するためには、社会性は不可欠であったといってよいし、そのように進化したのであろう。

三つ目は「近視性」である。目の前においしそうなものがあれば我慢できずつい食べてしまうこともあるだろう。自己の生存確率を高めるためには、食べるものがあればすぐに食べるのがベストであろう。つまり、ヒトは進化のプロセスで近視性が強化されたに違いない。

## 3　市場とは何か

ヒトの三つの特色と「市場」は密接に関連している。まず相対性を考えてみよう。我々は価格の変化に敏感に反応する。一円でも安いガソリンスタンドがあればそこで給油するだろう。また、相対性は経済学における限界性と読み替えてもよい。経済学における「限界」とは、たとえば、ある財をもう一単位よけいに作るときに増加する収入を限界収入といい、増加する費用を限界費用という。生産者はこの二つの大きさの差である限界利益に反応する。もし限界収入が限界費用よりも大きい、つまり限界利益が正なら生産量を増やす。一方、消費者はその財をもう一単位購入するときの満足、つまり限界満足のほうがその価格よりも高いなら購入量を増やす。つまり、生産者も消費者も絶対的な数量ではなく、相対的な数値に反応するのである。

市場は、実は社会性を消す装置であるといってもよい。市場が未発達な時代においては、たとえば、おばあちゃんが編んでくれたセーターだから大切に着るということは当たり前であったが、いまあなたが着ているジャケットを誰が作ったのか、わかる方はほとんどいないであろう。たぶん、中国のあるところで大量生産されたジャケットを着ているのであろうし、あなたはご自身の好みとその価格を比べ購入したはずで、そのジャケットの背後にある人々の社会性に注目すらしないであろう。このことはジャケットだけではない。あなたの身の回りのありとあらゆる商品に同じことがいえるのではなかろうか。この意味で、市場は「感情」を消す装置でもある(7)。

市場はヒトの特性である相対性を生かす一方で社会性をうまく消し、目先の需要と供給を上手に釣り合わせる装置であるといってよい。需給が一致するところでは、さきほどの限界利益をすべて足しあわせたもの（経済学の用語では供給者余剰）と限界満足を足しあわせたもの（需要者余剰）の和が最大になるのである(8)。「市場は総余剰（＝供給者余剰＋需要者余剰）を最大化する」という命題は「厚生経済学の第一定理」と呼ばれている。市場を用いる限り、ムダが発生しないというのがこの定理の意味である。アダム・スミス以来、市場を賞賛する理論的な後ろ盾がこの定理である。

厚生経済学の第一定理の背後にあるいくつかの暗黙の想定を眺めてみよう。まず、時間という概念がない。強いて言えば、ある特定の時間を輪切りにしたモデルといってよい。輪切りにしているので、市場に参加する人々は固定されている。その時点で生きている人々しか考えておらず、将来の人々などは入り込む隙間すらない。さらには、市場で取引されるべき資源の量も固定されている。このような世界で市場を用いると、市場は資源のすべてを食い尽くすのである。この意味で、市場の参加者の誰かの利益ないしは満足を損なうことなく、他の参加者の利益ないしは満足を増加することができない状態（パレート効率な状態）、つまりムダが発生しないのである。もちろん、財やサービスの生産もあるのだが、生産要素を投入すると瞬時に生産が完了するというモデルである。

少し極端だが、厚生経済学の第一定理が想定している例を考えてみよう。早朝、漁師たちが様々な魚を捕ってくる。彼らが帰ってきた時点で、魚の量（資源の量）は一定である。買いたい人々が集まり、魚をせりにかけて異なった魚には違う価格がつくであろう。買いたい人は買うことができ、捕ってきた魚は昼前にはすべて捌けてしまう。需給が釣り合い、ムダがなくなるのである。

このように、市場が得意なのは、時間の幅のない短期的な需要と供給の調整であり、時間が入ってくると様相が一変する。時間を含むモデルには様々なタイプがあるが、ここでは、「投資」に関わる実験結果を要約しよう(9)。投資には二つの側面がある。ひとつは、投資の「非可逆性」である。いったん投資を決意し、実行し始めると、簡単に元には戻ることはできない。もう一つは、投資の「タイムラグ」である。投資を決意し、実行しても、その効果が出てくるのはかなり先になる。たとえば、新たに火力発電所を作ることを決意しても、その環境評価、建設などに長い年月を要するであろう。実際に電力を生み出すまで、かなりの時間がかかるのである。

投資にはこのように、非可逆性とタイムラグがあり、これを取り込む実験を実施すると、大きく分けて、二つのパターンが観測される。その一つはバブルケースである。需給が均衡する価格よりも高い価格がつくと、投資の収益を過剰に見込み、過剰投資が起こる。過剰投資が起こると、その財の供給超過が起こり、財の価格が暴落するのである。つまり、バブルが起こり、それが崩壊するのである。もう一つは成功ケースである。当初、少なめの投資から始まると、財の超過供給が起こらずに、財の価格も維持され、まずまずの効率性が達成される。ただ、どちらのケースが起こるのかは事前にはわからない。この意味で、投資が入ると「市場」は安定であるとはいえない。

さらにバブルケースに拍車をかけるのが過剰流動性である。投資のための資金が安い金利で潤沢にある場合、過剰投資が起こりやすくなる。ところが、財の価格の暴落とともに、借金返済ができなくなり、過剰投資をした企業は破産するのである。

「投資」そのものは、現在の消費をがまんし、将来の便益を受け取るための手段である。たとえば、新薬の開発投資を行うことで、その会社は将来収益を上げるとともに、将来の人々の幸福度も上げることになる。ただし、投資の多くは、何世代先を考えてのことではない。近未来の収益をめざしてのことである場合が多い。

以上のように、将来の不確実性があると市場は失敗するのである。これにさらに輪を掛けるのがヒトの「近視性」である。ヒトは本能的に遠い先のことなど気に掛けていないのである。将来の不確実性があるとしても、現在と将来を結ぶ割引率で考えればよいのではないのか、と考える方がおられるかもしれない。たとえば、アメリカの公共事業における割引率は七％である。もし、仮に五〇〇年後に日本の現在の一年間のＧＤＰに相当する五〇〇兆円という被害額の災害が起こるとしよう。もし七％を割引率に用いるなら、その現在価値は約一円となる。[10] そう考えるなら、五〇〇年後に起こる未曾有の超大災害も、あなたにとってどうでもよいことになるのではないのか。もちろん、どのような割引率を用いるのかによって現在価値は大きく変わることになる。

さらに問題となるのは、市場には現世代と将来世代の財や資源を配分する機能がないことである。そもそも将来世代のために何らかの資源を留保する機能は市場には備わっていないどころか、現世代が、将来世代の資源を「惜しみなく奪う」のが市場である。たぶん、市場が将来世代の財や資源を徹底的に奪う装置であることを現世代の人々は自覚すらしていないのではなかろうか。この意味で、市場を上手に飼い慣らす仕組みのデザインや市場とは異なる新たな財や資源の配分メカニズムが必要となるのである。そのような役割の一部を担うのが「政府」であるものの、たとえば、日本政府はＧＤＰの二年分以上の債務をかかえている。つまり、政府そのものが将来世代から資源を奪うことに荷担しているのである。

市場が将来世代の資源を「惜しみなく奪う」仕組みであるとしても、現世代が地球上の資源をすべて浪費してしまわないのはなぜだろうか。技術に制約があり、我々自身の労働という制約があるからである。たとえば、原油という資源を現世代が取り尽くせないのは、現世代のうちに取り尽くすだけの技術がないことと、それにさく人々の人数には制約があるからである。さらには、現世代の欲望には限りがないとはいえ、現世代は原油のみでは生きてはいけない。様々な資源を用いて多様性のある財・サービスを生産し、消費するのである。

現世代が市場を用いて将来世代の資源を惜しみなく奪ったとしても、それが微々たるものであれば、人類が絶滅するまでの間、将来世代が現世代になり、その将来世代の資源を惜しみなく奪っても問題は起こらないであろう。ところが現世代は、化石燃料を含む様々な資源において、人類が絶滅するまでには持たないことを知っている。ここに将来世代をどのように考えるべきかという重要な課題が発生しているのである。

もう一つの問題は、経済学でいうところの「外部性」である。市場を経由せずに、つまり「タダ」で二酸化硫黄や窒素酸化物を大気に放出し、温室効果ガスを大気に放出することで、現世代および将来世代に影響を与えてしまうことである。前者の問題は、時間の取り方にも依存するが、どちらかというと世代内、ないしは近未来の世代に対する影響が大である。一方、後者は、五〇年、一〇〇年単位、さらにはそれを超えて、現世代の行動が将来世代に影響を及ぼすのである。両者ともに単純な市場という装置では解決が不可能である。

## 4　民主制と将来世代

民主制の特徴を考えよう。民主制といってもさまざまな形態があるが、現代の多くの民主主義国家においては、間接民主制として議会制民主主義が採用されている。国民が代表者を選び、代表者が議会で政策を決定するという仕組みである。

国家の基本ルールを規定するのが憲法であり、憲法そのものが規定している範囲は、特定の時と所に限定されているのではなく、「いつでもどこでも」というのが基本だから、将来生まれる人々も憲法で守られているため、憲法そのものは将来のことをちゃんとカバーしているはずである。つまり、憲法という枠組みからみれば、今生きている国民も将来生まれるであろう国民も同じ「距離」のはずである。そのため、明示的に、「将来」や「世代」に言及する必要はない。

一方で、一人の国民という視点から憲法を理解するとなると、国民の範囲は今生きている人々の集団と考えるのが自然であろう。そのため、自己と遠い将来に生まれる人との距離の方が、自分以外の今生きている人に対する距離よりも格段に遠いのではないのか。そのような視点から憲法に将来や世代に関する記述があるのかどうかを見よう。

まず、日本国憲法から検討しよう。日本国憲法には、将来世代に関する記述はほとんどない。ただ、憲法前文において世代を超える文言として「恒久の平和を念願」するという記述がある。もう一つは、基本的人権に関する第一一条と第九七条である。[11] たとえば、第一一条は以下の通り。

第一一条〔基本的人権の普遍性、永久不可侵性、固有性〕国民は、すべての基本的人権の享有を妨げられない。この憲法が国民に保障する基本的人権は、侵すことのできない永久の権利として、現在及び将来の国民に与へられる。

つまり、基本的人権は世代間の対立、協調、交渉などという視点からではなく、個々の国民に与えられた権利である。

イロコイ連邦のスピリットを受けついでいるはずの合州国憲法には世代に関する記述は皆無である。ただ、司法権の及ぶ範囲を規定する際、「将来締結される条約」を含めるため、「将来」という言葉が使われている。カナダ（一八六七年憲法）、韓国（大韓民国憲法）、中国（中華人民共和国憲法）には、そもそも「将来」、「世代」、「未来」という語句自体が存在しない。

このように憲法という視点ではなく、一人の国民という視点から憲法をみると、市場と同じように、憲法はヒトの持つ特色である「近視性」を持つように見えてしまう。つまり、国家権力の行使の拘束・制限と権利・自由の保障を図る相手は現に生存している人々のみだと感じるのである。そのため、日本を含む多くの国々の国民は、代表者選出に当たって、たとえば自己の死後の国家の状況に関し、原理的に注意を払う義務は生じないと思うのではないのだろうか。もちろん代表者を選ぶ際、各々の「良心」に従って将来に資する政策を提案する候補者に投票することも可能であるが、自分が生きている間に最も利益を受ける政策を提案する候補者に投票するのが自然である。つまり、これらの国々における（間接）民主制は、将来世代の損得を勘案する制度ではないのである。

一方、選ばれた代表者の主たる関心事は次の選挙で当選することであるため、現世代に負担を強い、将来世代の利益を拡大する政策を提案しにくいといってよい。そのため、たとえば、政府が大量の国債を発行し、将来世代から資源を奪い、負担を将来世代に負わせる仕組みや政策を防ぐことができないのである。

実は、「将来」「世代」を明示的に取り込んだ憲法もいくつか存在する。一九九九年に承認されたスイス連邦憲法の前文では、「共同の成果および将来世代に対する責任を自覚し」という部分がある。一九九三年に採択されたロシア憲法の前文にも「現在と未来の世代を前に、祖国への責任に基づき」という部分があるものの、抽象的な表現にとどまっている。

さまざまな局面で気候変動や持続可能性に関する議論をリードしているEUの欧州連合条約（一九九三年発効）においても、将来世代に関わる記述はほぼ皆無である。[12]ただし、EUのいくつかの国々の憲法においては、「将来」「世代」の記述がある。たとえば、一九四九年発効のドイツ連邦共和国基本法（ボン基本法）の第二〇a条である。

第二〇a条〔自然的生活基盤〕国は、将来世代に対する責任を果たすためにも、合憲的秩序の枠内で立法を通じて、又、法律及び法の基準に従って執行権及び裁判を通じて、自然的生活基盤及び動物を保護する。

この条項では、自然的生活基盤の保護に関しては、憲法ではなく、その下における立法を通じてそれがなされるのである。(13)

フランスの一九五八年憲法そのものには「将来」「世代」に関する記述は皆無である。ただし、二〇〇四年に制定された環境憲章の前文においては、「将来の世代および他の国民が彼ら自身の必要を満たす能力を損ねてはならない」との記述があり、将来世代への配慮が全面に出ている。

このように各国の憲法レベルにおいて、フランスやドイツの環境に関わる記述を除いて、イロコイ連邦の「偉大な結束法」のように、環境も含めてあらゆる局面で自己世代の犠牲において七世代先の人々ないしは将来世代の厚生を考えねばならないというタイプの文言は皆無といってよい。つまり、濃淡の差があるものの、現代の我々が依拠している民主制も将来世代の資源を「惜しみなく奪う」ことに荷担しているのである。もちろん、ドイツやフランスの憲法の環境に関する部分に示されているように、民主制が「将来世代」を明示的に取り込む可能性は残されている。

## 5 楽観バイアスジレンマ

あなたの運転技術は平均以上だろうか。少し古くなるが、アメリカにおける自動車の運転技術に関するサーベイだと、九〇%以上の人々が自らの運転技術を平均以上だと思っているのである[14]。たとえ入院せねばならない重大事故直後の病院における調査でも、ドライバーは自信過剰（overconfidence）を示す[15]。アメリカの一〇〇万人にわたる高校生の調査でも、ほぼ全員が「他者とうまくやっていける」と答え、その中でも四分の一がうまくやっていける度合のトップ一%に入っていると答えたとのことである[16]。

キャメラーたちの参加ゲーム実験も興味深い[17]。一四人の被験者がトリビア・クイズの試験を受けるのだが、まずこの実験に参加するかどうかを決めねばならない。試験の成績がトップの六人は五〇ドルをわけることになり、参加者でトップ六に入っていない人は一〇ドルを実験者に支払わねばならない。もし一一人が参加するなら、トップの六人の五〇ドルと残りの五人のマイナス五〇ドルで、総利得はゼロとなり、個々人の期待利得もゼロとなる。被験者はこの事実を十分に理解しているのだが、この実験の参加者は一二〜一三人で、事前にはほぼ全員が、自分は平均以上で損はしないと思っているのである。

楽観性はヒトのみに限らない[18]。二秒の音の場合は青のレバー、一〇秒の音の場合は赤のレバーを押すと餌がもらえるように鳥を訓練する。このとき、青のレバーの場合はすぐに餌が出るのだが、赤のレバーの場合は餌が出るまで時間がかかる。もちろん、まちがったレバーを押すと餌がもらえない。次に音の長さを六秒や八秒などに変化させる。すると、鳥はあいまいな音の長さに対し、青いレバーを押しがちだったとのことである。つまり、餌をもらうまでに時間のかかるイヤなほうではなく、すぐにもらえるほうを選んだのである。

上記の楽観性は将来の事柄にもあてはまるのだろうか。シャーロット（Sharot, 2011b）は、向こう一カ月にある出来事が起こるかどうかを、イスラエルの学生たちに質問した[19]。出来事はたとえば、プレゼントを貰う、渋滞に出くわす、約束に遅れるなど、全部で一〇〇個である。これらの出来事を肯定的、中立的、否定的に分類すると、肯定的な出来事は否定的な出来事より五割も多く起こると回答されていた。さらには肯定的な出来事はすぐに起こり、否定的な出来事は後で起こると回答したのである。ところが、この質問の一カ月後に何が起こったのか尋ねると、肯定的、中立的、否定的の各々が約三分の一となったのである。

楽観バイアスはなぜ起こるのだろうか[20]。たとえばある種のガンに自分がかかる確率を二〇％だと思っている方に、統計的には罹患率は一〇％という情報を与えるとただちに確率情報を改訂するのに対し、五％だと思っている場合、一〇％の情報を与えてもあまり改訂しないのである。つまり、よい情報には反応し、悪い情報には反応しないのである。さらには、よい情報の場合は、その変化の情報を左下前頭回（left inferior frontal gyrus）が処理するのに対し、悪い情報の場合は、右下前頭回がその処理を弱める働きをするとのことである。

情報処理の片側性は、経済学的には最適ではない。偏った情報処理では、期待利得を最大にできないからである。ただし、明示的に金銭に換算しない部分でのベネフィットがある。実は、楽観バイアスは心の健康とともに体の健康にもよいとのことである。シャーロット（Sharot, 2011a）によると、九万七〇〇〇人のサーベイから明らかになったことは、楽観的な人々は平均的な人より五〇～六五歳の間で死ぬ確率が一四％減少し、心臓麻痺で死ぬ確率が三〇％減少するのである。(21)

楽観性は個々の生存確率を高めるようだが、社会全体では、思わぬ結果を引き起こす可能性がある。二〇〇八年のリーマン・ショックの原因には様々な要因があるが、ひとつには、人々の楽観バイアスがバブルを起こし、それが崩壊したのである。資金力のない人でも、購入する住宅の価格が上がることを前提に、ローンを組み、お金を借りたのである。ローンが返せなくなれば、住宅を高い価格で売ればよいのである。このようにして住宅を取得する人々が増えれば増えるほど、住宅価格は上がる。それと共に、供給量も増加する。ところが、あまりにも高い価格のもとで住宅の供給量が需要量を上回っていることがわかった瞬間、価格は暴落するのである。ひいては、借金の返済ができなくなったため、ローンの証券も紙くずになり、金融機関は膨大な赤字を抱え込んだのである。つまり、個々の主体が楽観的に行動する結果、社会全体のパフォーマンスを下げ、ひいては、個々の利得を大幅に下げてしまうのである。これを「楽観バイアスジレンマ」と名付けよう。

楽観バイアスは公共プロジェクトのコストを過小に、ベネフィットを過大に見積もる要因になっている。もう一つの要因は、政治家や当事者の戦略的な操作である。[22] 一四カ国のデータの調査によると、鉄道の場合、コストは当初より四五％増加し、乗客の予測は一〇六％多めに見積もっていたし、さらには、七〇年の年月を経てもこの傾向に変化がないとのことである。英国財務省は、この二つの要因を避けるために、二〇〇三年に公共プロジェクトの見積もりと評価に関する新たなガイドライン（The Green Book）を制定している。[23] 楽観バイアスと戦略的操作を制御しようという新たな試みである。

一〇〇年単位で地球に影響を及ぼす気候変動を考えてみよう。気候変動により海面上昇、異常気象、温暖化などが起こるという悪い情報がＩＰＣＣからきたところで、それを取り込もうとしない人々が大半で、温室効果ガスを排出し続けることになるであろう。[24][25] 現世代は気候変動からのコストはたいしたことがないかも知れないものの、将来世代はそのコストを支払わねばならない。極端な言い方だが、楽観バイアスジレンマは種としての人類の存亡にかかわる可能性すらあるといってよい。

残念なことに、ＩＰＣＣそれ自体も楽観バイアスに支配されていることを第5次評価書で露呈している。評価書では「地球温暖化を二度以下に抑制するシナリオ」のみに集中し、それ以外の二度以上に温度が上昇する場合のシナリオの詳細を提示していないようである。さらには、このシナリオは楽観的な技術イノベーションを想定し、温室効果ガスのコストのみに注目し、エネルギーに関する政治情勢は蚊帳の外とのことである。[26]

## 6　将来世代を現在に取り込む──フューチャー・デザイン

市場制や民主制は将来世代の資源を「惜しみなく奪う」制度であり、しかも我々の楽観性がそれに輪をかけるのである。そのため、そもそもどのような将来を創造すればよいのかを熟慮する仕組みや制度そのものが発達しにくいのである。個人にせよ、私的な組織、公的な組織にせよ、短期的な何らかの最適化を図るという意味合いでの行動が主要業務となるのである。つまり、そこかしこでローカルな最適化をめざすのである。たとえ、各々のローカルな最適化が図れたとしても、それらが将来世代をも考慮に入れた時空を超える最適化につながるとは限らない。かえって、ローカルな最適化が将来世代にとって都合の悪いことになるかもしれない。さらには、たとえ将来世代にとってよかれと思い、行動を起こしたところで、それがほんとうに将来世代に資するものになるかどうかはわからない。将来世代のためにといっておきながら、現在の自己の保全に資する行為かも知れない。現世代と将来世代の間の背反する利害の緊張関係がないからである。それでは、未来をどのようにデザインすればよいのだろうか。

英国財務省の The Green Book は楽観バイアスと戦略的操作を除去するという意味で、最早のフューチャー・デザインの一つであるが、明示的に将来世代を意識し、市場制や民主制を変えるものではない。また、気候変動の事例が示すように、様々な分野の研究を評価し、将来を予測し、その対策を統合的に考えるという枠組みの一つがＩＰＣＣであるが、将来世代の視点が明示的に入っていないため、将来そのものをデザインするという考え方ではない。榎原・藤野・日比野・松岡（二〇〇七）の場合は二〇五〇年の低炭素社会構築に向けて様々な条件を加味し、二つの選択肢を提示している。未来社会の有り様をデザインするという意味で斬新な研究だが、どうやって選択すればよいのかに関する記述はない。

本書のアイデアの一つは、現世代の中に将来世代を創る、ということである。もちろん、将来世代を生きたまま現世代に移動することは不可能である。そこで、ヒトが、他者の心の状態などを推測する心の機能を備えていることを利用し、将来世代に「なりきる」人々の集団を形成するのである。[27]この集団を仮想将来世代とし、現世代と交渉する環境を整備するのである。仮にそのような集団を「将来省」と呼ぼう。

もちろん、現世代の選択に応じて将来世代の中身そのものが変わってくるというパーフィット（Parfit, 1981）の非同定問題（non-identity problem）をどのように克服するのか、という問題がある。これには将来の人口数が変化するという問題も含まれている。本書では、第一次近似として、現代と同じタイプの人々が将来も生まれてくると想定している。人口の問題に対してはその分布を拡大ないしは縮小することで対処する。

そのような人々を将来省とするのだが、将来省の人々が将来世代の人々を必ずしも代表していないという制度設計の可能性もある。将来省の人々は将来起こるであろう問題を同定し、いくつかの選択肢を作成し、人々に提示するのである。現世代の中からランダムに選ばれた集団を作り、その集団と将来省との対話や討議を経て、その集団が将来世代になりきるのである。その集団とは別に現世代からランダムに選ばれた集団を現世代の代表とし、二つの集団が問題を熟議し、さらには交渉することによって複数の選択肢を一つに絞るというプロセスを経て、存在しない将来世代との問題を解決するのである。もちろん、上述のプロセスは一例であって、様々なプロセスがあってよいはずで、これからの重要な検討課題となるであろう。

将来省が提示するであろう様々な選択肢をサポートするのに有効な手法がバックキャスティングである。たとえば、温室効果ガスの排出に関し、たとえ両世代で合意したとしても、物理的に不可能な選択肢は事前に排除せねばならないだろう。将来を予測する（predict）のではなく、あり得べき将来を同定し、そこから現代世代がどうせねばならないのか回溯する（retrodict）のである。

たとえば、ある資源の使用に関し、現世代と将来世代の交渉で、各世代の使用量が決まったとしよう。この資源を各世代がどのように使うのかについては、割当から市場を用いる手法まで様々な形態が考えられるが、市場を用いる場合は、排出権取引におけるグランドファーザーリング、オークション、その両者の混合などの手法が参考になるであろう。

さらには、将来世代の視点から市場を制御するとなると、将来世代を考慮に入れない民主制も、二一世紀のうちに変貌を遂げることになるのであろう。憲法そのものが変わる可能性もあるだろうし、「将来基本法」のような法体系を構築する可能性も十分あるといってよい。

将来起こることを予測するのみならず、将来そのものを仮想的な将来世代との交渉でデザインし、それを達成するために様々な仕組みをデザインするという、従来の学問の分野では考えてこなかった新たな課題に人類は直面することになる。そのため、新たな研究分野が要請されることになるであろう。将来学といってよい分野である。大学を含む研究機関で将来学部やその大学院が設置されることになるのであろう。このような教育組織は将来省への人材を供給することになる。もちろん、将来省のアイデアは県や市町村レベル、企業レベルでも実現可能である。将来課や将来ディビジョンなどである。

将来省タイプの将来世代の創り方以外にも様々な手法を考えることが可能である。たとえば、ある地域Aの水の灌漑に問題が起こっているとしよう。その地域とは遠くはなれた地域Bにおいて水の灌漑の問題に直面している人々が地域Aの将来世代の役割を果たし、地域Aと交渉するスキームを作るのである。地域A内部でのステークホルダーたちは、自己の直接の利益に縛られているので、将来世代のことを考えることができないでいる可能性が大である。それを地域Bの仮想将来世代に助けてもらうことで、地域Bの視点から自己の地域の将来を見直すという効果も生まれる。一方、地域Bも地域Cと同様の関係を結ぶのである。フューチャー・デザイン・リンケージ（Future Design Linkage）といってよい。このように、本書の各章では、将来世代をどのように導入するのかが大きな課題となっている。

## 7　結語

本章では、現在の市場制、民主制ともに将来世代の資源を「惜しみなく奪う」仕組みであることを概観し、さらにはヒトの特性から生じる楽観バイアスジレンマを克服するために、将来世代を現在に取り込む枠組みを提案している。

憲法に将来世代が明示化され、将来基本法などが制定されるようになると、将来省や将来課のような組織がデザインされるに違いない。フューチャー・デザイン・リンケージも当たり前のように構築されることになるであろう。一万人に一人ぐらいは将来のことのみを考えるような社会を想像してみよう。多くの大学で将来学部やその大学院が設立され、若者たちがそれらを目指すことになる。彼らの中から、将来学の研究者を目指す者や、将来省、将来課に職を得る者も現れるに違いない。そのような人々が羨望され、尊敬される新たな社会の出現を期待したい。

もちろん、このような漸進的なシナリオとは異なり、市場制と民主制がほとんど変更されることなく、たとえば気候変動を経験しdoomsday（世の終わり）を迎える可能性もある。そのため、我々の祖先が「大騒動」(28)を経て民主革命を経験したように、将来世代が「将来革命」を経験する可能性も残されている。

## 注

（1）偉大な結束法（http://www.iroquoisdemocracy.pdx.edu/html/greatlaw.html）の第二八条の一部。なお、ウィキペディア（http://en.wikipedia.org/wiki/Seven_generation_sustainability）によると「いかなる討議においても、たとえその決議が我々の世代の要求と相反するとしても、次の七世代に与える影響を熟慮せねばならない（In every deliberation, we must consider the impact on the seventh generation ... even if it requires having skin as thick as the bark of a pine）」という一文がイロコイ連邦の文言としてよく引用されているとのこと。結束法の第二四、二八条には〝The thickness of their（your）skin shall be seven spans〟（第二四条が their、第二八条が your）という表現があり、この文言は第二八条を「七世代先を見据えた意思決定」と要約していると考えてよい。

（2）グリンデ・ジュニアおよびジョハンセン（二〇〇六）を参照されたい。

（3）以下の引用はグリンデ・ジュニアおよびジョハンセン（二〇〇六）の翻訳者である星川淳による訳者あとがき（pp. 368-369）からの引用である。

（4）Sapolsky（2012）を参照されたい。

（5）以下の三つの特性の記述の部分は西條・草川（二〇一三）の序章に依拠する。

（6）実際には一次微分のみならず「急に暗くなった」など二次微分にも反応するのであろう。

（7）ただし、多品種少量生産においては、誰がどこでどのように作ったのかを「売り」にする市場もできあがりつつある。この意味では「市場」は社会性も取り込もうとしている。

（8）ある価格のもとでの生産者の行動を考えてみよう。最初の一単位を作るのに、その費用、つまり限界費用と価格を比べる。価格のほうが限界費用よりも大きいならば生産をすることにし、（限界）利益を得る。次に二単位目も同じことを繰り返し、限界利益がゼロになるまで生産をするのである。その生産量までの限界利益を足しあわせたのが供給者余剰である。

（9）西條・草川（二〇一三）を参照されたい。

(10) 一年後の五〇〇兆円の被害を七%で割り引くと500兆円/1.07=467.3兆円となる。二年後の五〇〇兆円の被害を七%で割り引くと500兆円/$1.07^2$=436.7兆円となり、五〇〇年後の五〇〇兆円の被害を七%で割り引くと500兆円/$1.07^{500}$=1.02円となる。HM Treasury（2011）によると、イギリスの公共プロジェクトの割引率は六%だったが、二〇一一年には三・五%にするように推奨されている。

(11) 以下、各国の憲法に関する記述は高橋和之（二〇〇七）に依拠する。

(12) http://eur-lex.europa.eu/LexUriServ/LexUriServ.do?uri=CELEX:11992M/TXT:EN:HTML

(13) 憲法から見ると下位レベルの一九九三年に制定された我が国の環境基本法には「将来」および「世代」に関する記述が六カ所ある。たとえば、第三条では、「現在及び将来の世代の人間が健全で恵み豊かな環境の恵沢を享受するとともに人類の存続の基盤である環境が将来にわたって維持されるように適切に行われなければならない」との記述がある。

(14) Svenson（1981）を参照されたい。

(15) Preston and Harris（1965）を参照されたい。

(16) Camerer（2003）を参照されたい。

(17) Camerer and Lovallo（1999）を参照されたい。

(18) Matheson, Asher and Bateson（2008）を参照されたい。

(19) Sharot（2011b）を参照されたい。

(20) Sharot（2011a）によると、うつ病患者は良い情報にも悪い情報にも反応する。つまり情報処理が両側であるとのこと。

(21) Sharot（2011a）を参照されたい。

(22) Flyvbjerg et al.（2005）を参照されたい。

(23) HM Treasury（2011）を参照されたい。

(24) Intergovernmental Panel on Climate Change（（国連）気候変動に関する政府間パネル）の頭文字がＩＰＣＣである。気候変動に関する広範な研究者、政府関係者から構成され、数年に一度、評価報告書を公表している。この団体は二〇〇七年にノーベル平和賞受賞。

(25) ヒトの「近視性」とも関連するが、ヒトは現状からの変更を嫌う、という現状維持バイアス（status quo bias）がある。とりわけ、現状よりも悪くなることを避けるという損失回避の傾向を持つ。これはイロコイの「我々の世代の要求と相反する」ことは自然と避けるといってよい。なお、ニューロサイエンティストは現状から変更する際の脳の回路を探りあてている。Fleming, Thomas and Dolan（2010）のｆＭＲＩ実験によると、現状維持から変更する意思決定をする際、困難な意思決定をつかさどるといわれている前頭葉下部（inferior frontal cortex）から視床下核（subthalamic nucleus）を通じて大脳基底核の他の部位の賦活を促進することで、現状の変更がなされるとのこと。

(26) 杉山（二〇一四）を参照されたい。

(27) 類人猿が心の理論を持つかどうかから始まる議論についてはPremack and Woodruff（1978），ミラーニューロンと心の理論についてはGallese and Goldman（1998），Gallese and Sinigaglia（2011）を参照されたい。

(28) この議論は西村（二〇一四）に負っている。

# 第2章　将来省のデザイン

尾崎雅彦・上須道徳

## 1　将来世代を現在に取り込むために

将来世代の存在を私たち現世代の社会生活に取り込むためにはどのような手段があるだろうか。イロコイ・インディアンのように強力な規範・法を形成することや、これまで公害や地球温暖化問題で行ってきたようにペナルティーを伴う規制や課税で市場に内部化するなど、様々な可能性が概念的にはあるだろう。しかし、どのような選択を行ったとしても、第1章で述べられた近視性といったヒトの特性や楽観バイアスジレンマが、企業や人々がそれらを自主的に遵守することを妨げることは容易に予想される。フューチャー・デザイン構築のプロセスにおいて、おそらくは、他律的な何か特別な社会システム上の工夫（デバイス）が必要とされるのである。

そもそも私たちは、長い歴史の中で、利益や満足を求めてモノやサービスの生産、交換および消費を行うために、限られた資源をめぐって取引、調整そして時には衝突を繰り返している。ここから生ずる社会的な不都合を軽減するために生み出された工夫が政府である(1)。政府は国民生活の改善を目的に様々な政策（資金的、法律的または行政的に企業や個人の経済活動に介入する行為）を企画立案し実行（民意に基づいて選任された内閣と官庁によってその原案が作成され、選挙によって選ばれた議員で構成された国会の審議を経て官庁によって実行）する。この私たちが慣れ親しんだ、現世代における社会的問題の解決および利害調整を行うためのデバイスである政府は、将来世代と現世代間における諸問題解決においても有力かつ強力な手段の一つとなるのではないだろうか。

## 2　将来省のあり方

政府は政治家と官庁によって構成され、政治家は様々な民意の優先順位を決定することを担い、官庁は政治家の決定のための判断材料となる情報の提供と決定された事項の効率的な執行および運営を役割としている。政治家は投票権を有する人たちの投票、すなわち選挙によって選ばれる。そのため、将来世代が現世代に存在していない以上、選挙によって将来世代の代弁者が選出されることは原理的にありえない。そうであるならば、将来世代の存在を現世代の社会生活に取り込む役割を担い得るのは官庁である。一国全体の行政を行う中央官庁は財務省や経済産業省などのように〇〇省と呼称されるのであるから、この場合は将来省と呼ぶことが妥当だろう。

日本には国家行政組織法に定められた国の行政組織として省庁と委員会が存在している。一般に知られる中央省庁は二〇〇一年に行われた行政組織改革後の一一省（総務省、法務省、外務省、財務省、文部科学省、厚生労働省、農林水産省、経済産業省、国土交通省、環境省、防衛省）と内閣府設置法に基づく内閣府である。それぞれの省庁の役割や機能は、主に情報収集、調査分析、政策立案、政策の実施・運営、啓蒙活動および省庁間調整等である。このうち情報収集、調査分析、政策立案、啓蒙活動および省庁間調整は、各省庁固有の目的によって質と量の異なる能動的な機能である。一方、政策の実施・運営は、決められたことを効率よく実行することが求められる、全省庁が持つ受動的な基本機能である。これらの省庁はその名が示す特定の領域、分野に特化している。内閣府は例外的であり、内閣の政策立案を補助する機能を持つため、横断的なテーマに取り組みやすい性質を持つ。

わが国の省庁の組織構造の特徴の一つに、連続性が強いということが挙げられる。たとえば、経済産業研究所が編纂した通商産業政策史第一巻には、「戦争と敗戦にもかかわらず、通産省の組織とその人的構成には、戦前期からの連続性があった」と書かれており、この特性によって戦時下という特殊な状況であってなお、内閣の変動等による政策の揺らぎが抑制され、戦後復興に向けての政策立案に必要な高度な情報蓄積が可能となっていたと言われている。そして、もう一つの特徴は縦割り行政である。省庁は業務の対象に応じて局や課を設置しており、それら各部署が関連する情報をもっぱら集中して収集し独立性を有していた。その性質によってわが国の行政組織は高度な専門性を持つことができたが、一方で分野横断的な視野を必要とする政策の立案や企業・個人に対する利便性の高い行政サービス提供にあたっての障害になることもあった。

これらを踏まえ、将来省の省庁像を前提とした組織構造を考えてみよう。まず、将来省の組織構造においても、ひとたび掲げた「将来世代の意見」が外圧等によって揺らぐことのないよう、やはり強固な連続性は不可欠である。また他の省庁向けに効果的な働きかけができるよう、一一省の特性に合わせた省庁別の縦割り構造も必要となるだろう。第４節で述べる将来省像を前提とすれば将来省は他の省庁に対して強い権限を持たないので、将来省各部署は相手先省庁と将来世代の代弁者として対等に議論し説得できるだけの能力を有する必要がある。そのためには同レベルの専門性が確保されなくてはならず、一つの部署で複数の省庁を担当することは困難だと予想されるからである。しかし、一対一の構図は望ましくない同化（馴合いや癒着）が生ずる可能性がある。他省庁の権益を反映したいわば代理戦争が将来省内で起きるようなことがあってはならないのである。このことに加えて、一般的に縦割り行政で生ずるような前述の不具合が起きることのないよう、単なる他省庁別縦割り構造ではなく、将来省の理念に基づく横軸を通したマトリックス構造[2]が、将来省の組織構造として望ましいのではないだろうか。

ここで横軸となる将来省の理念について考えてみよう。将来省が掲げるであろう理念とは「将来世代の存在を私たち現世代の社会生活に取り込むという役割を果たし持続性ある人類社会を築く」

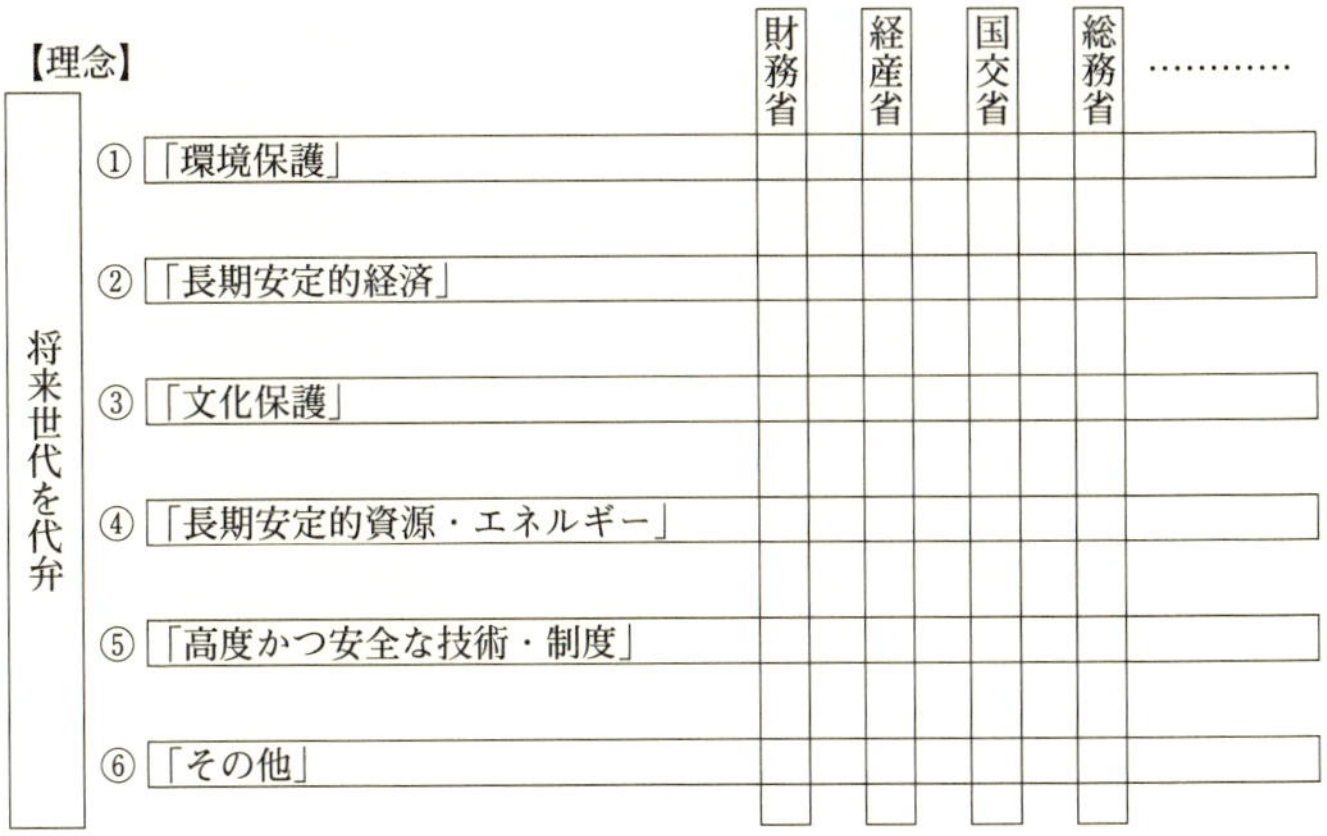


図2-1　マトリックス構造概念図

ことである。この理念を達成するために将来省は現世代（一次的には他省庁）に対して、「○○を我々将来世代に残してほしい、あるいは将来世代のために守って貫いたい」と主張することになる。そして、将来省の理念に基づきかつ超長期に共有できる横軸のテーマとして、たとえば①「環境保護」、②「長期安定的経済」、③「文化保護」、④「長期安定的資源・エネルギー」、⑤「高度かつ安全な技術・制度」などが考えられる。[3]将来省組織構造は、一一省を担当する一一の部署（縦軸）と、各部署に配属された職員が部署横断的に情報共有を図る①～⑤とそのいずれにも該当しない六番目のグループ（横軸）によって形成されるようなマトリックス構造であることが理念実現の可能性を高めるだろう。

以上の議論を踏まえて、将来省の行政機関としての位置づけについて考えてみたい。たとえば将来省は会計監査院のような国家行政組織法や内閣の外にある機関の一つになりうるかもしれない。議論の余地が大いにあるのは当然であるが、予算の執行について客観的に監査を行う仕組みが会計監査院であるとすれば、行政や政治について持続可能性の観点からの見張り役がいてもよいのかもしれない。実際、イギリスの政策評価システムやその原則であるＮＭＰが知られている。第1章で紹介されている The Green Book は政策やプログラムの提案・実施が、公共サービスの効果的な適用につながっているのかを専門的に評価する指針である。将来省は第三者として持続可能な社会の指針を作成し、行政や政策を評価する機能を持たせることが可能となる。会計監査には会計学と呼ばれる学問基盤が備わっている一方、持続可能性の観点からプログラムや政策を評価する方法が確立しているとはいいがたい。プログラムや政策評価における学術面での進展や人材育成は課題である。

## 3　将来省の人材

将来省ではどのような人材が求められるのであろうか。一般に組織運営において人事ローテーションは不可欠であるが、将来省においても前述の同化を回避するため、他省庁担当（縦軸）の人事異動は必須であろう。一方、グループ（社会の形成にかかわる重要テーマ）間の異動については、環境、経済、文化、資源・エネルギーおよび技術・制度に関わる極めて高度な知識を擁する専門家を育成するには長期を要すると考えられるため、頻繁な異動は極力避けることが現実的である。この様な組織運営を前提とした将来省が必要とする人材は、第一に、現世代の考え方を時間軸に沿って何世代もの未来に拡張し、将来世代の考え方をイマジネーションできるだけの柔軟な超長期的視野を持ちうる人物である。さらに、他省庁や、ときには既得権益を有する現世代に対して変化を求めることを説得できるに足る高いレベルの論理性および専門性を身につけていることが求められる。この様な人材は自然発生的に多数存在するとは考えにくく、一つの対応としては高等教育における教育課程において育成プログラムを組み込むことが考えられる。

一つの提案であるが、大学院博士課程において超長期的視野を持って将来をデザインするためのコースを設け、既存の専門性を磨く専攻に付加して同コースを履修する学生に（事実上倍増する学習に専念できるよう）奨励金を支給するといったことが考えられる。この仕組みは実現性の低いものではなく、類似のものとして文科省が平成二三年度から実施している博士課程教育リーディングプログラムがある。これは、俯瞰力と独創力を持ちグローバルに活躍できるリーダーを育成することを目的に専門分野（文系・理系）の枠を超えた教育を行う大学院の形成を促すものであり、すでにこのプログラムに応募し採択された大学院では、月二〇万円程度の奨励金を支給された文系の院生が＋αで理系の教育（あるいはその逆）も受けている。この既存のプログラムの目的に超長期的視野の育成という項目を加えれば、先述の案に近いものになるだろう。このようなプログラムを高等教育に根付かせることができれば、単発のプログラムではなく、将来学部やフューチャー・デザイン研究科ができるかもしれない。

そして、その様な超長期的視野を持つ人材を持続的に供給するためには、長期的には将来省のステータスを高めるような社会づくりが重要であろう。プラクティカルには、もちろん将来省という具体的な就職先の存在が大きな意味を持つのであるが、その川上・川下への波及効果も考えた戦略を練るのである。経営学の分野においてエクセレント・カンパニーやビジョナリー・カンパニーと言われる優良企業の経営者に求められる重要な資質のひとつが長期的視野（未来的思考）であることが知られており、将来省が求める人材は優良企業にとっても必要な人材である。また、先述の世代間熟議が社会に浸透すれば、様々な場面において将来世代の役割を演ずる機会を持つことになる。アメリカではリスクを恐れず率先して人を束ねるリーダーが尊敬されるといわれるが、世代間熟議での体験を通じて長期的な視点を持つ人間が尊敬される社会になれば、将来学部や将来省に優秀な人材が集まるのではないだろうか。

## 4　将来省に期待される役割と権限

将来省は、将来世代を代弁するため、既存の行政組織の行動に影響を与える。そのプロセスにおける将来省の具体的な役割と権限は、どうあるべきだろうか。二〇一二年一二月、我々の研究グループの一員である青木らが、フューチャー・デザイン（投票制度や行政組織の在り方など、将来をデザインする仕組み）についての意識調査を実施し、その中で将来省設置の是非、および将来省に期待する役割と権限の優先順位を明らかにしている。[4] 同調査結果によれば、四三％の回答者が将来省設置に「賛成する、どちらかといえば賛成する」と回答し、三三％が「反対する、どちらかといえば反対する」と回答しており、将来省は肯定的に受けとめられている。しかし、役割については、「情報収集」および「調査分析」の二つが際だって高く、「政策立案」、さらに「啓蒙活動」および「省庁間調整」がそれに続いており、現世代に対して直接的に影響を及ぼす役割については慎重に考えていることがうかがわれる。権限の強さについても、他省庁の政策に対して強制的影響を与えるものではなく、意見を述べ、制限できるレベルにとどまることが望ましく、企業や個人に対して規制できる権限を与えることに対しては、慎重な結果となっている。

以上から、将来省の輪郭として、「将来世代の存在を私たち現世代の社会生活に取り込むことを目的に、何が将来世代の利害につながり、それが将来世代と現世代にどの程度の影響を与え、それを修正するためには何ができて、それが現世代にどのような影響を与えるかといったことを明らかにするために、情報収集および調査分析を行い、その結果をもとに政策立案および他省庁の政策に対して意見を述べ制限する組織」といった省庁像が浮かび上がる。以上は、あくまでもアンケート結果に基づいた将来省像の一例である。将来省のより良い姿をうかびあがらせるためには専門家と市民が熟議を重ねることが必要であろう。[5]

将来省がもたらす最大の意義は、その設置自体にあるのかもしれない。将来省の設置（およびその検討）が、将来世代の存在を現世代に強く印象づけることになるからである。過去において環境

［Q20］まず役割についてお訊きします。
以下の役割について必要と思われる順に順位を付して下さい。

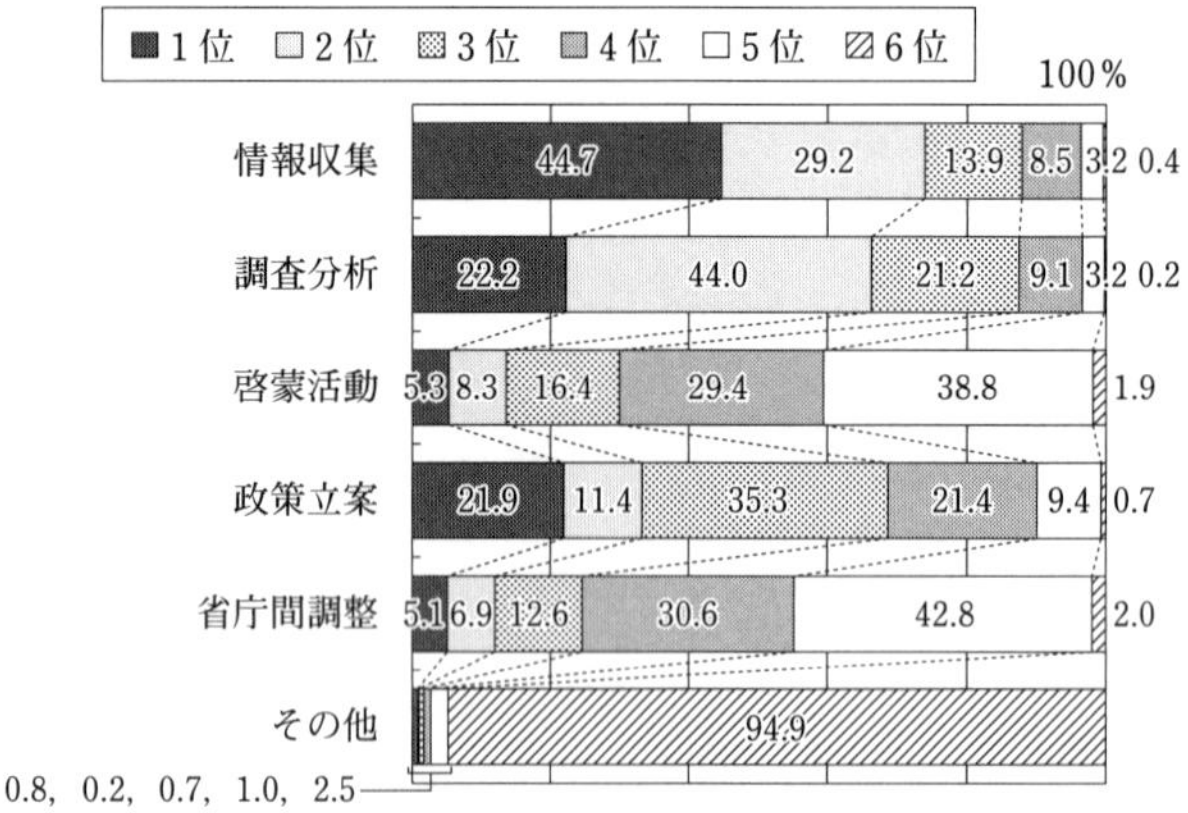


図2-2　アンケート調査結果1

［Q22］次に権限についてお訊きします。
以下の権限について必要と思われる順に順位を付して下さい。

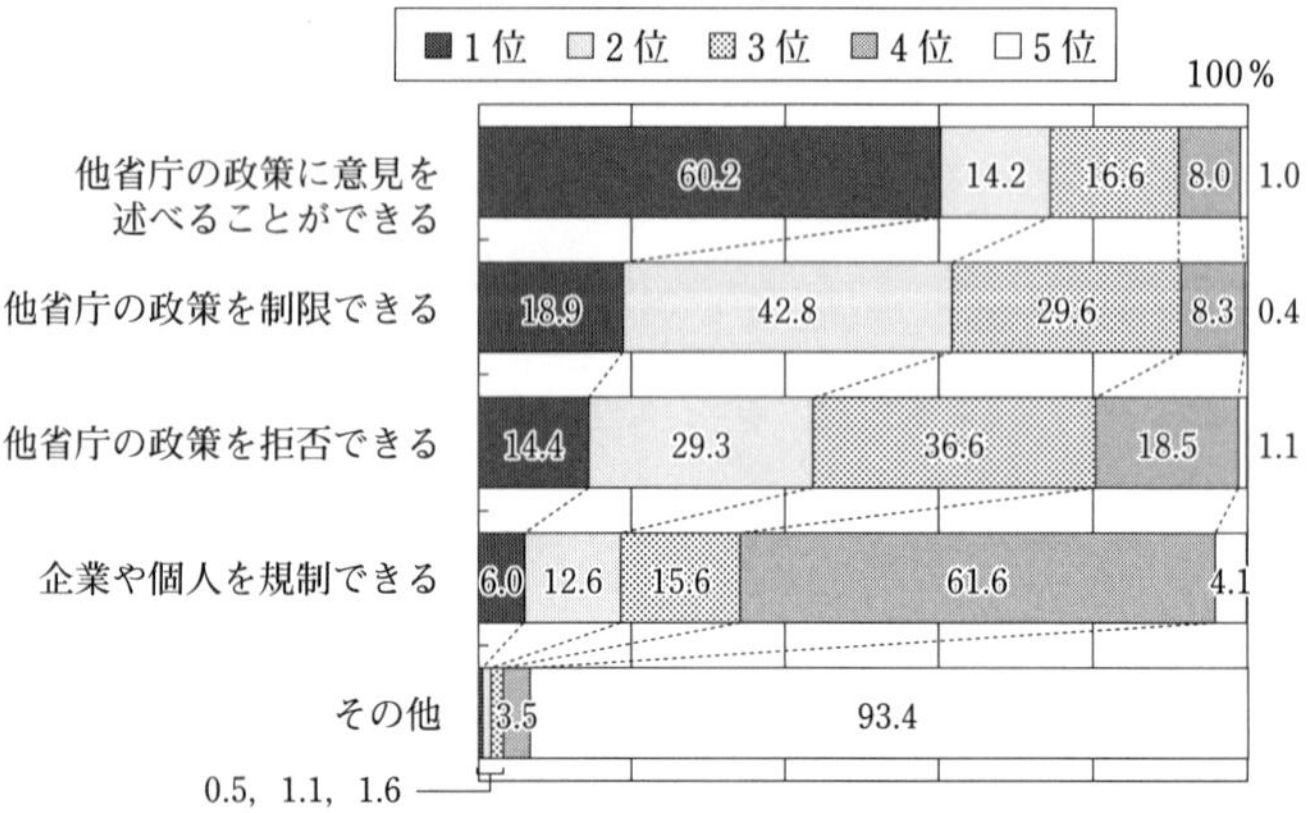


図2-3　アンケート結果2

省や防衛省などがそうであったように、その時代における国全体としての重大な問題意識や価値観が象徴的に省庁の名称として顕されることがある。企業や人々は将来省がどのような機能や権限を持つかという詳細な知識を持っていなくても、日本が将来世代の存在を重視しようとしているとの強いメッセージを感じ取ることになるであろう。もちろん、名ばかりでなく、将来省内において、ヴァーチャルな将来世代による「社会性」を現世代社会に現出せしめ、現世代に認知させることができるに足る権限や機能が正しく整備されれば、将来省は将来世代の存在を現世代に取り込む社会システム上の極めて実効性の高い「工夫」となり得る。さらに、省庁組織は諸外国においても一般的に使用されている社会システムであるので、日本での将来省設置の試みは世界に伝播することも考えられる。このとき、全世界でイロコイ・インディアンがかつて持ち得ていた規範が形成されることを促すという将来省の究極の可能性が現出する。

最も理想的な将来省の行く末は、この規範形成という使命を果たし、すべての企業や人々が自律的に将来世代の存在を意識して行動することのできる、真に持続性のある人類社会が実現されることに寄与したうえで、消滅するということなのではないだろうか。

## 5　最後に

持続性ある人類社会を築くためには将来世代の存在を私たち現世代の社会生活に取り込むことが

必要であり、そのために構築されるべきフューチャー・デザインにおいて、将来省は重要なデバイスとなり得る。しかし、その設立は決して容易ではないだろう。将来省の存在によって直接的・間接的に現世代の行動が制約されることは避けられないので、現状維持することで既得権益を維持できる企業や政治家、既存の省庁は設立に抵抗するかもしれない。しかし、将来省のような組織の設立には追い風が吹いている。政治が次世代以降により高い関心を持つことを促すドメイン投票方式(6)の導入といった社会システム上の大きな変更が提案されており、政治システムの基盤である投票制の改革がこの方向で実行されれば将来省設置にプラスになるかもしれない。また、国内外で盛んに取り組まれている熟議（パブリックコメントや参加型熟議）は、現在はその結果を政治などの意思決定に取り組む仕組みはないものの、将来省設置要望の世論形成の発端となるであろう。しかしそれでも、将来省実現に多大な労力と費用を要することに変わりはない。最初の一歩を踏み出すためには、人々が将来世代の存在を身近に感じとり、将来世代への配慮のために労力と費用を厭うべきではないと考える現世代が一人でも多くなることが必要である。そうであるならば、私たち将来世代を考える研究者が果たすべき現時点での最小限度の使命は、将来世代に関連するあらゆることを可能な限り絶え間なく情報発信するということなのではないだろうか。

## 注

（1）様々な定義や解釈があるが、本論では政府を、一定の領土を統治する組織の、特に統治かかわる機関として使いたい（現代社会学辞典、二〇一二）。

（2）省庁組織におけるマトリックス構造については前例があり、たとえば通産省（旧経産省）は戦前の商工省とは異なり、業種別の産業政策を担当する局（縦軸）に加えて全業種に共通した政策原理の批判的吟味等を担う通商局や企業局（横軸）を持った組織を構成していた。

（3）具体的なテーマは時代によって変わるものであり、どのように選択するのかについては議論の余地がある。後述のように、仮想の将来世代を含む熟議を経て決めるべきものかもしれない。

（4）アンケートはドメイン投票制度（親に子供の代理投票権を与える投票制度）や将来省について問うたもので、インターネットを通じて行われた。調査時期は衆議院総選挙の前日に行われたものである（第二次安倍内閣発足前）。調査の対象者は全国にまたがり、有効回答者数は約三〇〇〇であった。分析結果の詳細は青木ら（二〇一三）にまとめられている。

（5）複雑な社会問題や憲法改正に関わる議論も同じであろう。国の方向性を定める憲法や法律、行政組織のあり方は政治家や学者だけが決めるものではない。社会を構成するひとりひとりの市民が議論に参加し合意が形成されるべき類のものである。

（6）人口統計学者のポール・ドメインによって考案された、子供を持つ投票権者に多くの投票権を与える投票方式である（Demein, 1986）

# 第3章　市場と民主制を補完する将来世代
## ——フューチャー・デザインの研究課題

上須道徳

### 1　はじめに

一七世紀に蒸気機関の発明とともに始まった産業革命以降、世界経済は急成長を続けている。二〇世紀初頭の石油をエネルギーや素材として使う流体革命、二〇世紀後半のインターネットなどの情報通信革命は、私たちの便利で快適な生活様式や都市・コミュニティの在り方を形作ってきた。また、病原菌の発見や抗生物質の発明など、医療技術の進歩が人間の健康の改善に大きく寄与したことに異論は少ないだろう。こうした技術革新と両輪を成すもう一つの要素が社会の「しくみ」である。社会の「しくみ」が適切であれば、科学技術の発達を可能にするだけでなく、その技術を社会の発展や経済成長に上手くつなげることができる。具体的には、近代においては経済のしくみである「市場」と政治のしくみである「民主制」がその礎を作っている。「市場」は労働や資本、自然資源などの様々な資源を現在有効に配分することのできるしくみである。私たちは「市場」を経済の産業化とともに進展させることで経済成長を遂げてきた。一方、「民主制」は多数決という原則で社会における意思決定を行う「しくみ」である。民主制では選挙を通じて政府の代表者を決め、所得の再配分などについての取決めを行う。(1)

いま、私たちの社会の根幹となっているこれらのしくみが揺らいでいる。「市場」は資源を効率的に現在の人たちに配分することはできるが、将来の人たちが使う資源のことを考えた資源配分を行うには不完全である。化石燃料を使うことによる地球温暖化問題、森林破壊や行き過ぎた漁業による生物多様性の損失といったこれらの現象は、明らかに将来世代のために残すべき資源を今の世代が使いすぎていることから起こっている。「市場」というしくみはこれらの現象を加速させることはできても解決策を打ち出すことはできない。(2)

一方、現状の民主主義も大きな問題を抱えている。科学技術の高度化、複雑化、巨大化は専門家、政策立案者、産業界や市民の間のコミュニケーション不全を生み、多数決（選挙）による正しい意思決定ができなくなってきている。(3) 原発再稼働や地球温暖化への対策などの問題に対する理解には深い専門知識が必要である一方、科学的に未解明な部分、倫理的・価値的判断が関わるため、コミュニケーションがともなわいと意思決定そのものへの信頼が失われてしまう。また先進国に見られる人口動態の変化—少子高齢化—は政府の代表を決める選挙の結果に大きな偏向をもたらしているといわれる。少子高齢化社会では、高齢者よりの政策が重視され、将来を担う子供世代への投資がおろそかになる一方、社会保障費の増加に伴う財政赤字の膨張につながっているのかもしれない(4)。

本書ではこういった問題を解決する「しくみ」として、今の社会に将来を代表する集団をつくり、意思決定のプロセスに関わってもらうことを提案する。将来世代の集団が行政組織としてならば「将来省」であるし、研究調査機関であれば「将来研究機構」と呼べるかもしれない。いずれにしても、どのような集団であれば将来を代表する（意思決定に関わる）情報を作り出すことができるのか、どのようなしくみであれば彼らが現在の意思決定プロセスに関わることができるのか、を議論する必要があろう。本章では「熟議民主制」をキーワードに、将来世代を創るための方法についてこれまで行ってきた実験などを紹介しながら考えてみたい。

## 2　市場と民主制の問題

私たちは「市場」が現実社会ではうまく機能しない場合が多くあることを（一部かもしれないが）すでに理解している。たとえば、ものやサービスを売る人と買う人が持つそのモノやサービスについての情報が大きく異なる場合、社会に損失を生むことが知られている。また、工業製品が作られる際、工場から出る汚染物質が環境を汚してしまった場合、「市場」だけでは汚れた環境をきれいにする人は誰もおらず社会的な損失が生じてしまう。（経済学ではその製品の価格に環境をきれいにする費用が加算されていれば過剰な汚染排出はされないと考える）。もちろん現在の市場には石油や貴重な鉱物を将来の子供たちのために残して使う、という機能は残念ながら備わっていない。

このようなことを経済学では「市場の失敗」と呼ぶが、市場の失敗を補完する役目として政府などの公共機関が存在する。中古車など、製品についての欠陥情報について売る人だけが知ることができる状況に対しては、情報をきちんと公開する法律やルールを政府や行政が提供する。環境汚染問題では、生産者に対して汚れた環境をもとに戻す費用を負担させたり、環境のための税金を製品ごとに課すことができたりすれば過剰な汚染の発生を防ぐことができよう。

ここで政府や行政といった公共機関がこのような問題に対して行動を起こす根拠について考えてみたい。ほとんどの近代社会は「民主制」を政治のしくみとして採用している。このしくみの下では、権力者が被害者の声を無視することが困難である。一方、現代社会が直面する問題はますます複雑になってきている。まず、問題を起こす側と影響を受ける側を簡単に区別することはできない。加害者と被害者が国境や時代を超えることもある。また、問題解決にとられる手段によって全く関係のない人が別の影響を受けることもある。つまり、現代社会の多くの重要な問題は、科学のみで答えを出せる問題ではなく、様々な利害関係者が十分に話し合って答えを出さなければならない問題となってきている。この、十分に話し合って答えを出すことを、「熟議したうえでの合意形成」と呼ぼう。

しかしながら、この合意形成の成就には大きな問題が立ちはだかっている。現代社会における民主制の主流は「代表民主制」である。代表民主制では市民が任意で参加する選挙によって選ばれた政治家が法律を制定し、社会における重要な事項について意思決定を行う。もちろん政治家がどのような立場や役割をもって選ばれるのか、任期がどのくらいなのか、は国によって異なる。重要な点は、多くの先進国では代表民主制がとられているが、代表民主制の下では熟慮された合意形成がされにくいことである。

もう少し具体的に見ていこう。環境・エネルギーなど現代社会が直面する世代を超える問題は一般にとても複雑である。問題を起こす人と影響を受ける人を明確に区別することが困難である。また、問題を解決する手段によって全く関係のない人が別の影響を受けたり、その影響が世代を超えて発生したりすることもある。原子力発電所にかかわる問題はまさに利害関係が複雑に絡み合っている問題であり、特定の社会において原子力発電所を建設すべきか、といった問いに対し科学が単独で答えを出すことはできない。原子力発電は安価に安定的に電力を供給する電源で、発電時の二酸化炭素排出量は火力発電などに比較して相当少ない。しかし、放射性廃棄物は何世代にもわたって管理が必要であるし、発電所の事故の影響は甚大である。したがってその是非を問うためには様々な利害関係者が十分に話し合って答えを出さなければならず、「熟議したうえでの合意形成」が必要である。ところが、現在の民主制である「代表民主制」ではいくつかの要因が重なり合って熟議したうえでの合意形成をすることが難しくなっている。

まず挙げられるのが、市民の「情報に対する脆弱性」である。多くの市民にとって、ある問題に関する情報源は学校や専門書ではなく、マスディアやインターネットを通して得られるものであろう。テレビやインターネットでは様々な情報が飛び交うが、このような情報にはトレンドや偏りがあり、正確性も欠くことが多い。市民はこういった情報の影響を直接受けやすく、問題認識が正しく形成されない可能性がある。問題認識の齟齬から社会の中で意見が二つにわかれてしまうこともある（これは「集団分極化」と呼ばれる現象である）。また、特定の問題に対し関心を示さない「非態度」、政治そのものに対し関心や知識を持たない「政治的無知」が市民や有権者に蔓延してしまう。情報を正しく入手し、解釈・理解する情報リテラシーや個人の知識水準といった要素も重要であるが、決定的な問題は間接民主制において問題認識について熟議を行う機会がないことである。「集団分極化」、「非態度」、「政治的無知」といった現象は今の意思決定の仕組みが生み出したものであるが、これらが民主制の土台そのものを傷つけ、合意の形成ではなく社会の分断を引き起こしてしまう。

## 3　熟議民主制の取り組み

このような中で現在の民主制の欠点を乗り越えるための試みがなされている。二つの大きな流れがある。一つは倫理・哲学から派生した熟議民主制である。二〇世紀に入り、科学技術の発達と経済の拡大が進む中、環境汚染が深刻化した。特に、その影響を被るのは声を上げることができない生態系であり、社会的・経済的に立場の弱い人間であった。ハンス・ヨナスは社会における科学技術の意味について問い続けた哲学者である。ヨナスは持続可能性に対する人間の責任の所在、つまりまだ生まれていない世代に対する責任を明らかにし、環境倫理や世代間倫理の議論を大きく前進させたのである。

しかしながら、哲学という学問の世界では、個人主義と全体主義、自然の厳密な定義づけや将来世代の権利の正当性といった形而上学研究を続けることが主流とされた。現実の問題解決に対する貢献が求められたなか、現れたのが実践主義アプローチである。この実践主義アプローチの特徴は問題解決に主眼を置いている点にある。問題解決を重視するということは、様々な利害関係者の参加を想定した合意形成プロセスや地域性や特殊性を尊重する多元主義を採用することである。また、普通の市民から上がってくる意思（ボトムアップ）を重視する脱権力脱政治思考が強いところにも特徴がある。具体的な取り組みとして、合衆国とドイツで別々に派生したものがある。社会の中から選ばれた市民から構成される小さな社会のなかで特定のテーマに関し熟議させるものとして、合衆国では市民陪審、ドイツでは計画細胞会議の取り組みがよく知られている(5)。

一方、政治学においては、このような参加型意思決定制度である熟議民主制の理論的基礎が一九九〇年代に議論され、普通の市民の集まりによる熟議が正当性をもつことをハーバーマスらが唱えた(6)。また、普通の市民による熟議民主制についての優位性を実証する研究もなされている。スタンフォード大学のフィシュキン(7)らは直接投票制、地方行政、政党政治、議会、投票制度、審議会、市民運動といったものを国家の間接民主制を補完する様々な試みとして位置づけ、それぞれについて熟議した合意が得られるかどうかという観点から評価をおこなっている[8]。たとえば、直接投票については、有権者が政治的関心を持たないことによる参加バイアスは依然問題であること、仮に多くの有権者が投票に参加したとしても投票者の集団分極化がなくなるわけではないことなどを指摘している。したがって直接投票によって得られる合意が社会的に望ましいものでなかったり、不安定であったりするという問題が依然残ってしまうのである。

こういった熟議民主制はどこに優位性をもつのだろうか。政治学者であるカルポウイッツとメンデルバーグは熟議民主制の優位性について次のようにまとめている[9]。まず、熟議に参加することで得られる個々の市民への利益が生じることである。様々な背景を持つ参加者が適当な規模で集まると誰もが議論に参加することになる。すると、個々の参加者は情報収集と議論の過程でテーマに関する知識を身に付け、他者への寛容度と共感を手に入れることができる。次に合意形成過程では、自身の関心についての理解や選好に対する説明能力、他者の意見に対する関心の高まりや道徳的な認識を高めることができる。さらに、公共の場において合意形成の妨げになる極端な意見の減少やエンパワーメントの向上にもつながることが挙げられている。この個々人への利益は同時に公共イベントへの参加度合いも増すことなど、社会への還元をもたらすことも指摘されている。これは熟議をして合意を作るという、民主プロセスへの信頼の増加がもたらすもので、民主制そのものへの利益を生むのである。熟議民主制は、公共心、合理性、満足度が伴う意思決定プロセスであり、間接民主主義における欠陥を大きく補完するしくみであるといってよいだろう。

## 4　環境問題から持続可能な開発へ

ここで、環境問題をめぐる社会の意識変化を見てみたい。二〇世紀は世界経済が著しく成長し、人口も大きく増加した時代であった。しかし、経済活動の拡大は環境問題や社会の持続可能性を脅かす問題を引き起こした。高度成長期に深刻な被害をもたらした公害問題では、工場が排出する汚染物質によって地域の人々の健康被害をもたらすことが大きな問題であった。日本でも多くの人の犠牲を得ながら公害問題を乗り越えるために多くの人が尽力した。一方、アメリカの生物学者であったレイチェル・カーソンの書物（一九六〇年）[10]や民間のシンクタンクであるローマクラブの報告書（一九七二年）[11]は、地球の有限性の存在について大きな警鐘を鳴らした。つまり、人間が使用する資源の量や汚染物質の排出量に対し、地球の環境容量（資源の賦存量や汚染を吸収する能力）が有限であること、人類の活動のあり方そのものが（より広い環境という意味で）生態系や人類社会の存続を脅かすものであるという認識がこういった時代に生まれていた。この持続可能性についての警告は、国際社会、とりわけ世界の平和構築と開発をミッションとする国連の動きにつながっている。一九七二年には国際連合による初めての環境にかかわる人間環境会議がストックホルムで開催され、国連環境計画が設立された。一九八六年には同じく国際連合の環境と開発に関する世界委員会報告書の中で、将来世代に彼らがニーズを満たすために必要な能力（資源）を残すことの必要性、すなわち持続可能な開発がうたわれた[12]。一九九二年には第三回国際連合人間環境会議がブラジル・リオデジャネイロで開かれ、気候変動や生物多様性の損失、砂漠化などの国際環境問題に取り組む重要な条約が採択された。こうした動きの中で、持続可能な社会を構築するための考え方として、「予防原則」といった考え方が浸透したのである。

地球温暖化問題に関していえば、気候変動に関する政府間パネル（ＩＰＣＣ）において気候変動のメカニズムを科学的に解明する作業と並行し、気候変動枠組み条約（ＵＮＦＣＣＣ）では具体的な取り組みを行う国際協調の構築の作業が行われている。ＩＰＣＣの報告書によって気候変動のメカニズムや温暖化の原因、それらの影響にかかわる知見が蓄積されつつある。科学的にまだ解明されていないものも多いが「予防原則」がＵＮＦＣＣＣの重要な鍵となっていることには違いない。たとえば、一九九七年のＵＮＦＣＣＣ第三回締約国会議の中で策定された京都議定書では、先進国に対し温室効果ガス削減義務が課されることになった。化石燃料にエネルギー資源のほとんどを頼っている現在のエネルギーシステムのなかでは、削減イコール大きな経済への負荷となることであり、主権が各国にある国際社会においては画期的なことであった。

残念ながらＵＮＦＣＣＣによる取り組みがうまくいっているとは言えない。削減義務を持つ先進国とこれから温室効果ガス排出の過半を占めていく発展途上国が混在する中で国際協調を達成させることが困難であることは言うまでもないが、対策を先導すべきエネルギー消費大国のアメリカが京都議定書には批准をしていない。最大の温室効果ガス排出国の中国は削減義務を課せられておらず、カナダは京都議定書から脱退、日本は二〇一三年以降（京都議定書第二約束期間）の温室効果ガス削減義務への不参加を決めた。

## 5　市場と民主制を補完するもの——将来世代の創造

このように、国際社会は環境問題に関わる視点を持続可能な開発へと移行させたことにより、「予防原則」といった考え方の基準を社会に浸透させてきた。これはたとえば日本の環境白書にも見られることである。一九八〇年代は大気汚染や水質汚濁といった公害問題の現状や対策が主なテーマであったが、二〇〇〇年に入り低炭素社会や循環型社会といった社会ビジョンがキーワードとして登場してきた。

しかし現状に鑑みると、近代社会の基礎となっている市場と民主制の課題を乗り越えるには至っていない。地球規模の問題への取り組みには地球政府が必要である、といった議論も出てくるかもしれない。残念ながら、中央集権的な組織が各国や地域におけるニーズに応えられる施策を打ち出すことを不得手とするのは、中央集権的な政府を持つ日本の現状を見ても明らかである。私たちが提案するのは社会のさまざまなところに将来世代をつくり、かれらにも大事な意思決定や社会の合意を形成するための熟議に加わってもらう、ボトムアップ型アプローチである。

将来世代に発言権を与えるために彼らを現在に創る、というのは突拍子もない考えかもしれない。しかし、人類の進歩というのは案外このような発想を社会に実装していく過程の中にあるのではなかろうか。たしかに人類の進歩は、制度や技術の革新により豊かな社会を築き上げたことに見出すことができるが、それは表面上のものに過ぎないかもしれない。むしろ、同時に人種差別や性差別、階級差別を乗り越え、多様性に価値が置かれる社会になってきたことに本当の進歩があるのではないだろうか。主体が享受すべきさまざまな権利（生存権から文化的な生活を営む権利、自己を表現する権利など）が、一握りの権力者からそうでない者、近年ではヒト以外のものにまで拡大してきている。

私たちは、存在すらしていない将来の人たちを創りだし、彼らの声を何らかの形で反映させるしくみをデザインする必要があると主張する。近代社会における市場や民主制は多大な利点と制約が内包している。この制約は公共部門を通じてお互いに補完できる部分もあるが、世代間を超える資源配分や持続可能性に関わる問題の解決には不十分である。市場をどう使いこなすのか、将来世代の視点が入った熟議の下で決めることも考えられないか。将来世代を熟議に組み込むしくみづくりは持続可能な観点から市場と民主制の機能を補完することになるかもしれない。

# 6　研究に求められているもの

私たちの提案は机上の空論ではない。私たちは社会科学、工学、自然科学、人文科学、実践者が参画するチームをつくり、フューチャー・デザインという新たな学問領域の構築を目指し、どのような研究や実践が必要なのかを、パイロット的な研究の実施を交え考えている。たとえば、熟議の中に将来世代を入れて合意を形成する目的で、人工的な環境の中でエネルギー問題を議論する討議実験を大学の授業の中などで行ってきた。また、経済学実験では現代世代が将来世代のためにコストを負担してまで資源を残す可能性やメカニズムを検証している。アンケート調査では持続可能な社会構築に貢献しうる制度についての意識調査も行っている[13]。このような研究から得られた知見を蓄積して、将来世代はどのような特性を持った集団であるのか、彼らが意思決定の場に影響を持つにはどのような場の設定が有効なのか、を考えている。

これまでにも環境や持続可能性をめぐっては学際的研究の必要性が唱えられてきた。生態系と人間社会の相互関係を理解し、ビジョンや課題につなげることを目指すサステイナビリティ学では、学術研究から生み出される知を統合・構造化する研究が進められている[14]。一方で、現実問題を解決に導くための研究方法論の確立は途上である。様々な技術シーズを統合し、問題解決やビジョン実現に結び付けるメゾ領域研究が進められている[15]。フューチャー・デザインは、これらの取り組みとは理念や目標を共有しつつも、持続可能な社会に資する制度やしくみの在り方、それを実現するための具体的アプローチについては研究を行うところに特徴がある。以下、フューチャー・デザインにおける三つの重要な研究課題について紹介したい。

第一に、フューチャー・デザインでは熟議を行うために必要な情報提供・ツールとして、具体的な場やテーマを想定したビジョンとシナリオを策定する方法論の確立が必要となる。たとえば、バックキャスティングは将来のあるべき社会の姿（ビジョン）を描き、そこに到達可能な道筋（シナリオ）を描く手法である。将来を予測するのではなく、あり得るべき将来を見定め、そこから現代世代がどうせねばならないのかを検討するのである。比較的長い歴史を持つ統計学や計量経済学を応用するフォアキャスト（将来予測）とは異なり、バックキャスティングには決まった方法があるわけではない。システムダイナミクスやシミュレーションといった計算科学と社会を記述する質的な研究方法を組み合わせることで、ビジョンや道筋の中に具体的な情報を提供することが可能になろう。物理的に不可能な選択肢などを事前に排除しながらも、その中身や意味が直感的にも理解できる可視化などが実装されれば、政策形成や熟議の中で不可欠な道具になりうるであろう。また、過去の経験から現代に遡って知見を得るレトロスペクトという手法も有用である。人口や産業など社会構造そのものがわかっていない将来についての「たら・れば」を検証することは困難であるが、過去については手法がある程度確立している経済学の一般均衡モデルや工学分野のシステムダイナミクスなどで、ある程度社会を再現することも可能である。原子力ではなく再生可能エネルギーを推進する政策がどのような影響を与えたであろうか、といった「たら・れば」仮説を検証することで現在の選択、熟議にとって有益な情報を提供することが可能になろう。

第二に、フューチャー・デザインは現行の民主制や市場の欠陥を補うべく、ヒトの持つ近視眼性や楽観バイアスジレンマを乗り越えるために熟議の場に世代間の視点を組み込む世代間熟議の方法論を構築する必要がある。市場の失敗が示すように、市民を無作為に集めた集団（ミニパブリックス）では世代間の公平な資源配分が達成されるとは限らない。したがって、将来の視点を熟議にどのように組み込むことができるのかについて検証する必要がある。ミニパブリックスによる熟議では参加メンバー抽出のランダム性やファシリテーターの重要性が指摘されているにすぎず、討議の方法論が確立されているわけではない。将来世代に「なりきる」人々の集団をどのように形成するのか。合意形成の中身と形成過程を世代間の資源配分の観点からどのように評価するのか。このような問いに答えるために、私たちは意思決定のプロセスと得られた合意（結果）について、社会科学的実験手法を用いて、持続可能な合意形成を得るための条件や評価法を検証しているところである。

第三に、熟議民主制の実践を社会にどのように組み込むことができるのか、法体系の整備や官僚行政組織の再編、シンクタンクの役割見直しといった社会システムのデザインが求められる。熟議から得られた合意形成は個々の市民の教育効果や民主制への信頼醸成など、それを実施することそのものに効果を見出せるのかもしれない。しかし、熟議で得られた民意について、透明性を持ちながらかつ速やかに政治や経営における意思決定に反映させる制度やしくみの在り方を検討する必要がある。熟議で得られた民意が政治における意思決定にどのように反映できるのか、させるべきなのかは文化的背景や政治環境に大きく依存する。したがって、様々な社会における法体系と統治形態、文化的・歴史的背景などの分析から世代間の公平な資源配分を行うための社会制度やしくみには様々な形態・手段をデザインしなければならない。たとえば、北米の原住民イロコイ連邦の社会には将来世代への悪影響を考慮するしくみが備わっていたとされる(16)。またイロコイ社会には貧富の差がなく、女性の権利が確立されていることなど、社会として望ましい状況も実現していたといわれる。産業化が進んだ巨大な現代社会に彼らのしくみをそのまま導入することはできないが、どのような教訓を得られるのか、検証に値すると思われる。

## 7　おわりに

本章では現代社会の礎をなす二つのシステムの大きな問題を取り上げ、それらを乗り越えるアプローチを提案した。私たちの主張は市場と民主制そのものを否定するものではなく、経済規模や人口動態の変化に対応できなくなってきているというところに問題意識を置いている。製造業の発展を高度経済成長につなげてきた日本では技術開発や経済成長が社会の目標そのものとして、また問題解決の十分条件として考えられている風潮があるかもしれない。しかし、経済成長や技術開発は望ましい社会を実現するための手段である。現代社会に将来世代を作ることで持続可能な社会につながる価値観を醸成し、かつ長期的・複眼的視野に立った意思決定が社会の様々な場面においてなされるしくみづくりが求められている。

## 注

（1）社会の利益を社会構成員に還元させるという文脈では、民主制ではなく、包括的制度＝Inclusive Institution（アセモグル、ロビンソン、二〇一三）という言葉の方が適切かもしれない。しかし、民主制の対極にある制度として（一般に利益を権力によって独占する）独裁制や専制政治が挙げられることに鑑みると民主制が再配分機能を相対的に高く備えていると言ってもよいだろう。

（2）もちろん市場はイノベーションを生み出すことが得意なしくみである。しかし、本論で述べるように、イノベーションの成果を世代間問題の解決につなげるためには市場のしくみのみでは不十分であるというのが著者の主張である。

（3）選択された結果の正しさ、というよりも意思決定プロセスに不透明性や恣意性がみられるという意味である。

（4）ファーガソン（二〇一三）はこのような人口動態が経済システムに与える影響について歴史学の視点から議論している。

（5）篠原（二〇一一）を参照。

（6）内容は平易ではないがHabermas（2003）が参考になると思われる。

（7）フィシュキンらの熟議民主制にかかわる取り組みの特徴は無作為に抽出した市民（ミニパブリクス）から彼らの定めた手続きを経て合意形成（世論の抽出）をおこなうことであり、実際その手続法は登録商標となっている。

（8）Fiskin, Luskin and Jowel（2011）を参照。

（9）Karpowitz and Mendelberg（2011）

（10）レイチェル・カーソン（一九六〇）

（11）ドネラ・メドウズ（一九七二）

（12）環境と開発に関する世界委員会（一九八七）

（13）アンケート調査の分析結果については青木ら（二〇一三）にまとめられている。

（14）小宮山、竹内（二〇一一）。

（15）下田ら（二〇一一）。

（16）グリンデ、ジョハンセン（二〇〇六）

# 第4章　長期的な将来社会ビジョン構想のためのバックキャスティング

木下裕介

## 1　「バックキャスティング」の必要性

世の中は、答えのない問題で満ちあふれている。その典型例のひとつは、「人生の設計」であろう。二〇一二年時点の日本人の平均寿命は、男性が七九・九四歳、女性が八六・四一歳である（厚生労働省、二〇一三）。その間には人生の節目となる大きなイベントがあり、結婚、出産、マイホームの購入、定年退職、……といったものが挙げられる。これらのイベントの発生には大きな不確実性があり、それらをいつ実行するかを正確に予測することは困難だが、とは言え、ある程度の人生の目標を立てる人は多いはずである。一〇代の人であれば、将来なりたい職業を決め、ある人は、入学したい大学を決めるかもしれない。その上で、その目標の達成に必要なことがらを明確にしてゆく場合も多い。このように、あらかじめ設定した将来の目標を実現するためには何をすべきかを、時間の流れに逆らって、将来から現在に向かって思考する考え方は「バックキャスティング（back-casting）」と呼ばれている（Robinson, 1982; Holmberg and Robert, 2000）。この単語は、天気予報などで使われる予測を意味する「フォアキャスティング（forecasting）」と対をなす用語として、ブリティッシュコロンビア大学のジョン・ロビンソン教授によって作られた（Robinson, 1982）。バックキャスティングでは、現在何が起こっていてその状況がどのように進展するかを意図的に考えず、むしろ、望ましい（もしくは、望ましくない）将来がどのようなものかを思考の出発点とする点にその特徴がある。

いま、日本の将来に目を向けると、図４-１に示すように日本の人口は二〇一〇～二一〇〇年にかけて約一億二八〇〇万人から四五〇〇万人まで六五％ほど減少し、特に一五～六四歳の生産年齢人口は七〇％ほど減少すると予測されている。このとき、二〇五〇年の日本の人口順位は世界一七位になることが予想されている（ちなみに、二〇一一年時点では世界一〇位）（鬼頭、二〇一二）。世界の経済情勢が大きく変わりゆく中、すでに人口減少社会へと突入した日本が仮に経済成長の持続あるいは生活水準を維持しようとすると、産業構造の改革が必要であると言われている（鬼頭、二〇一二）。一方で、ＩＰＣＣ（気候変動に関する政府間パネル）の第五次報告書（IPCC, 2013）で述べられているように、気候変動問題の根源的な原因は人間活動にあり、$CO_2$などの温室効果ガスを世界全体で着実に削減してゆくことも求められている。人口減少や$CO_2$削減のような制約を考慮したと

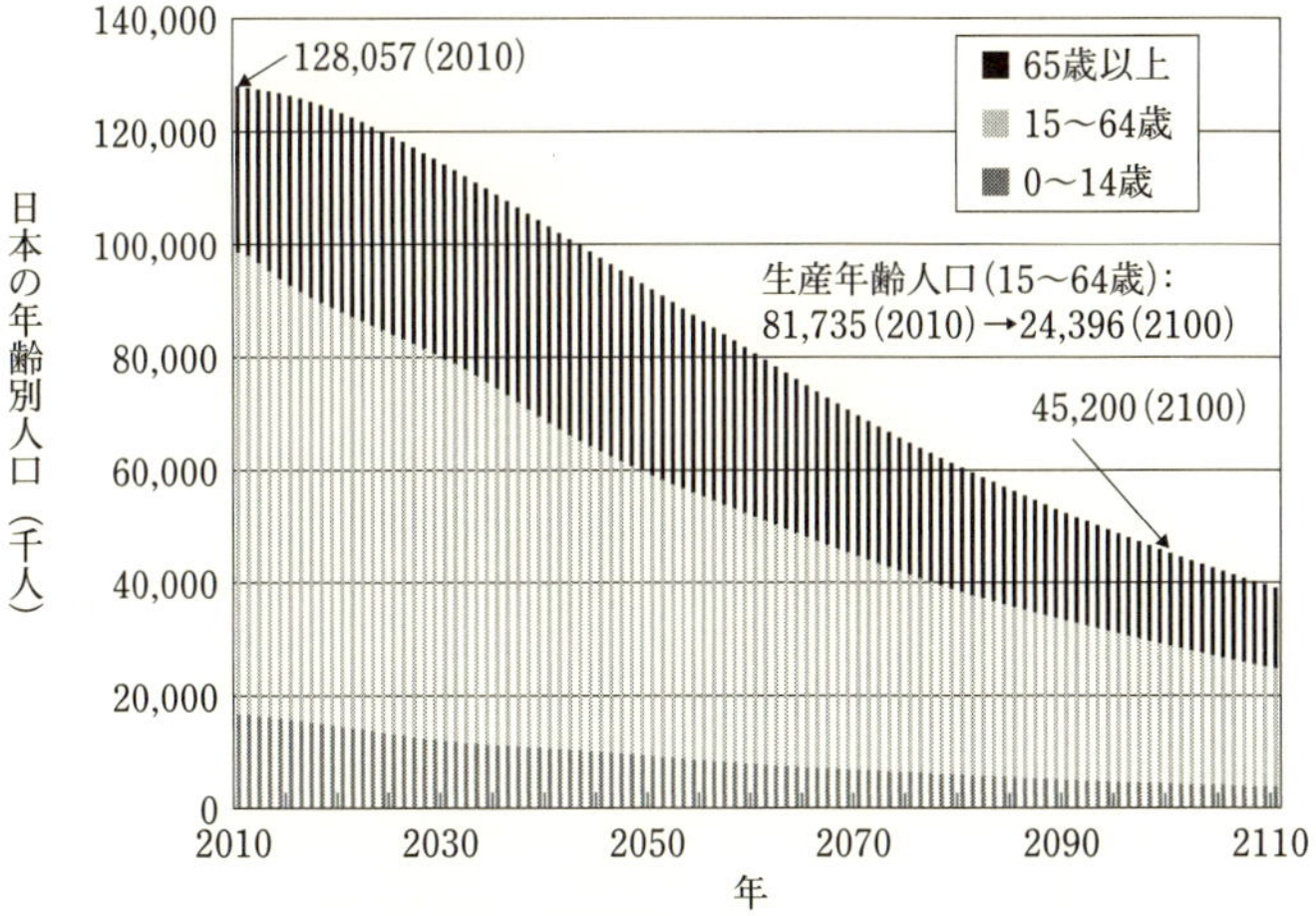


図 4-1　日本の年齢別人口推計（出生率中位，2010～2110 年）
（国立社会保障・人口問題研究所，2012）

き、そもそも我々が目指すべき将来の姿とはどのようなものだろうか？　一〇〇年先、二〇〇年先の子孫のためにどのような社会を残したいのだろうか？　少なくとも現在とは大きく異なる社会となりそうだが、これまでのところ明確なイメージが描けているとは言えないのが現状である。

五〇～二〇〇年先の長期的な視点で日本のあるべき将来社会を設計（デザイン）しようとするときには、バックキャスティング的な考え方が大きく役に立つ可能性がある。その理由は、現在の状況にとらわれずに将来の理想像を考えた方が、過去や現在からの外挿よりも大きく異なった将来社会像を発想できる可能性があるからである。そのため、バックキャスティングは将来像（ビジョン）や目標に至る道筋を示すためにしばしば使われる（いくつかの例を第2節に示す)。

では、我々はどのようにして「バックキャスティング」を実践すればよいのだろうか? また、将来社会を設計しようとしたとき、バックキャスティングはどの程度の有効性があるのだろうか? 本章では、これらの問いに答えることを試みる。第2節では、これまでに行われてきたバックキャスティング研究の歴史と関連研究について述べる。第3節では、バックキャスティングを適用した事例として、二〇五〇年ごろを想定した日本の持続可能な社会の将来像の記述例を紹介する。最後に第4節では、将来社会の設計に向けたバックキャスティングの有効性と、今後の課題および展開について述べる。

## 2 シナリオ思考とバックキャスティングの特徴

### バックキャスティング研究の歴史

バックキャスティングの研究は、一九七七年に出版されたエイモリー・ロビンスの“Soft Energy Path”(Lovins, 1977)に端を発したと言われている。[1] ロビンスは望ましいエネルギーの将来像に向かう道筋として、増大してゆくエネルギー需要全体を満足するために化石燃料や原子力を用いた大型集中型のエネルギー供給システム(いわゆる、ハードエネルギーパス)を志向するのではなく、むしろエネルギー消費効率の向上と再生可能エネルギー(例えば、太陽光や風力など)の導入に着目し、エネルギー最終需要の規模と質に合わせた小規模分散型のエネルギー供給システム（いわゆる、ソフトエネルギーパス）を志向することを提唱した（Lovins, 1977）。

第3章で述べたとおり、一九八七年には国際連合の環境と開発に関する世界委員会（WCED, 1987）が「持続可能な開発（sustainable development）」の概念を提示した。それ以降、持続可能性（sustainability）もしくは持続可能な社会に向けたバックキャスティングの研究がさかんに行われるようになってきた（Holmberg and Robert, 2000; Robinson, 1982; Mander ら, 2008）。例えば、エネルギーと気候変動問題を絡めて、国際エネルギー機関（IEA, 2010）は、世界の$CO_2$排出量を二〇五〇年までに一九九〇年比で半減させるという野心的な目標を達成するような将来を、バックキャスティングにより描いている。そこでは$CO_2$排出量の大幅な削減のために、太陽光発電、風力発電、電気自動車を含む様々な低炭素製品・技術の大量普及が想定されている。日本国内においても、地球環境問題の解決に資するような将来社会の姿を描くために、バックキャスティングの手法を用いた様々な取り組みが行われている（例えば、西岡（二〇〇八）、環境省中央環境審議会地球環境部会（二〇〇八））。このうち、環境省は二〇五〇年に日本が温室効果ガスを一九九〇年比で七〇％削減するためのシナリオを提示している（西岡、二〇〇八）。そこでは図4-2に示すように、利便性を追求しながら様々な技術（例えば、太陽光発電、燃料電池など）を用いて低炭素社会を実現する成長志向のシナリオAと、地産地消や適量生産・適量消費によって低炭素社会を実現するゆとり志向のシナリオBを提示している。そのほか、二〇三〇年の人口、エネルギー、資源などの環境制約下における

| シナリオA：活力，成長志向 | シナリオB：ゆとり，足るを知る |
| --- | --- |
| 都市型／個人を大事に | 分散型／コミュニティ重視 |
| 集中生産・リサイクル<br>技術によるブレイクスルー | 地産地消，必要な分の生産・消費<br>もったいない |
| より便利で快適な社会を目指す | 社会・文化的価値を尊ぶ |
| GDP1人当たり2%成長 | GDP1人当たり1%成長 |

図 4-2　日本低炭素社会シナリオ（西岡，2008）

心豊かなライフスタイルをバックキャスティングに基づいて描くといった研究も行われている（古川、二〇一二）。

## バックキャスティングの特徴

天気予報を始めとした将来の予測には、往々にして過去の膨大なデータ、知識、経験に基づいた過去からの外挿（extrapolation）が用いられる（Huss, 1988）。しかし、二〇〇八年の世界的な金融危機（いわゆる、リーマンショック）や二〇一一年の東日本大震災の発生に見られるように、世の中の情勢はときに急激な変化を見せるものであり、そのような過去からの外挿だけでは起こる可能性がある将来を想定するには必ずしも十分でない（Huss, 1988）。一般に、一〇年以上先の将来ともなれば何らかの事象を正確に予測することは困難である。

この問題に対し、将来を描くための方法のひとつ

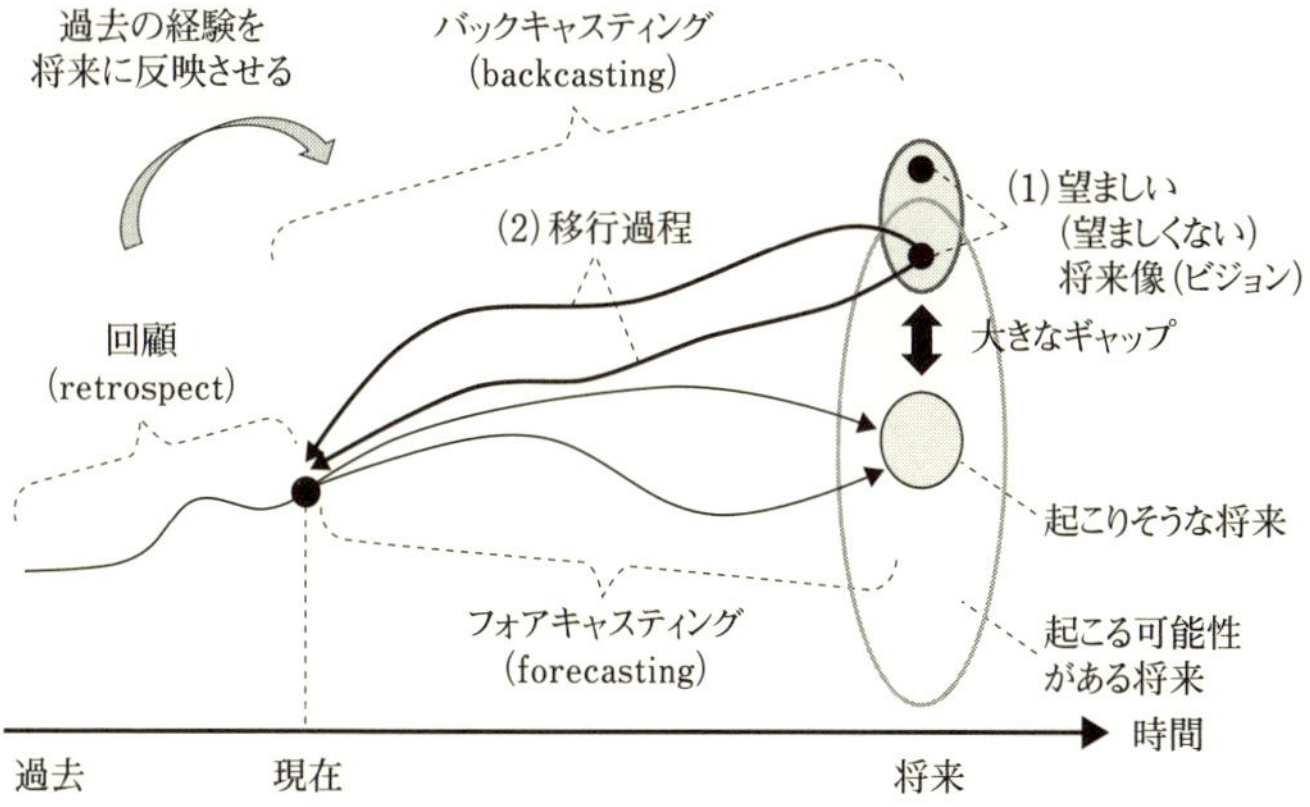


図 4-3　シナリオ思考に基づく将来の設計

として、図4-3に示すように現在と将来を接続する複数の道筋（移行過程）を想定する考え方が主流になりつつある。このように、現在と将来をつなぐように複数の道筋を想定する考え方は「シナリオ思考（scenario thinking）」あるいは「シナリオ・プランニング（scenario planning）」と呼ばれている。一九六〇年代後半から一九七〇年代にかけて、石油メジャーのロイヤル・ダッチ・シェル社が戦略的意思決定のためにシナリオ思考を利用し、結果として石油危機を乗り越えた事例が有名である（Wack, 1985; Schwartz, 1991）。シナリオ思考の目的は、将来を正確に予測することではない。むしろ、その意義は、将来に関わる意思決定を手助けするために、様々な起こりうる将来の状況（シナリオ）を想定することにある。シナリオを描く場合には、将来に関する情報・データを可能な限り幅広く収集し、様々なアイデアを発想・共有することを目的として、ブレーンストーミング、専門家に対するヒアリング・インタビュー、ワークショップやアンケートなどがしばしば用いられる（Glenn et al., 2003）。

シナリオには、大きく分けてフォアキャスティング型シナリオとバックキャスティング型シナリオの二種類がある（図4-3参照）。フォアキャスティング型シナリオは過去や現在の状況から起こる可能性がある将来を描き、バックキャスティング型シナリオはある定められた将来像（例えば、望ましい将来、または望ましくない将来）から現在までの道筋を時間の流れに逆らって描く考え方である。つまり、両者の間には将来を描く際の始点の置き方に違いがある。

フォアキャスティング型シナリオとバックキャスティング型シナリオの比較を表4-1にまとめる。フォアキャスティング型シナリオは、比較的短期的な将来において社会経済的な情勢がどのように変化してゆくかを見通したい場合に適している（Swart et al., 2004）。その一方で、バックキャスティング型シナリオでは、すでに社会に滞留している資本ストックの更新期間を考慮して、現在と将来像をつなぐ時間軸を長め（例えば、三〇～五〇年）にとることが多い（Robinson, 1982）。

一般的に、バックキャスティングに適した問題の条件を表4-2に示す（Dreborg, 1996; 増井ら, 2007）。これらの条件に当てはまる典型的な問題のひとつがエネルギーである。例えば二〇五〇年の日本における望ましいエネルギーシステムを設計することを考える。この問題を対象としたときの条件（1）—（5）の例を表4-2の右側に示す。

第1節で述べたとおり、バックキャスティングの本質的な特徴はある特定の将来像から現在までを逆方向に探索することにある。すなわち、始点は現在ではなく、「遠い将来」にある望ましい

**表4-1　フォアキャスティングとバックキャスティングの比較（Robinson, 1982; Dreborg, 1996; 増井ら，2007）**

| 種　類 | 長　所 | 短　所 |
|---|---|---|
| フォアキャスティング型シナリオ | 過去・現在からの外挿，あるいは，専門家に対するヒアリングなどによって，現在を起点として起こる可能性がある将来を描くことが可能である。 | 描かれた将来は過去や現在の状況によって影響を受けるため，過去に例のない事象については予測に反映させることが困難である。また，その将来が描き手にとって達成すべき目標を実現しているかどうかは保証されない。 |
| バックキャスティング型シナリオ | 現在の状況に関わらず，到達すべき将来像あるいは回避すべき将来像を想定することによって，現在から不連続的な変化を描くことが可能である。 | バックキャスティングは将来から現在へと時間の流れに逆らった思考を必要とし，すなわち因果関係を逆方向に追いかける必要があるため，その実行はフォアキャスティングよりも容易でない。 |

（もしくは、望ましくない）将来像である。図4-3に示したとおり、バックキャスティングは単に将来像を描くだけではなく、その将来像に到達するための道筋や戦略も描くものであり（Robinson, 1990; Quist, 2007）、例えば将来像を実現するのに必要な政策を検討するために用いられる（Robinson, 1982）。将来社会をバックキャスティングに基づいて構想するための手順は、（1）望ましい（もしくは、望ましくない）将来像（ビジョン）を描く段階と（2）将来像から現在へと到達するための移行過程を時間的逆方向に描く段階の二つに大きく分けられる（図4-3参照）。将来像を描くことによる効用のひとつは、異なる社会的な背景や知識を持った人々の間で将来の長期的な目標

**表 4-2　バックキャスティングに適した問題の条件**

| 条　件 | | エネルギー問題を対象とした例 |
|---|---|---|
| (1) | 問題が複雑で，かつ，それが多くの関係者や社会の様々なレベルに影響を及ぼす場合。 | 一般に，エネルギー問題では政策，技術，消費者のライフスタイルなどの様々な側面が相互に影響を及ぼし合っている。また，それらに対応して政策立案者，エネルギー事業者，一般市民，産業界などの様々なアクターが関係しており，その利害を調整することは極めて困難である。 |
| (2) | 現在からの段階的な変化ではなく，劇的な変化（不連続な変化）が必要とされている場合。 | 日本の現在のエネルギー自給率が約4%と極めて低く，かつ，発電源の多くを化石燃料に依存しているため，$CO_2$ 排出量と経済的コストが増大している。このことを鑑みると，持続可能性を高めるためにはエネルギーの供給側，需要側の双方において劇的な変化が必要である。 |
| (3) | 将来予測はしばしば支配的な潮流（dominant trends）に基づいて行われるが，そのような潮流が解決すべき問題に含まれる場合。 | 上記（2）の例に記載のとおり，日本はエネルギー供給において構造的な問題を抱えている。この問題を解決するためには，エネルギー政策，技術開発，消費者のライフスタイルを含めた様々な変革が必要である。 |
| (4) | 問題が外部性に大きく依存しており，市場が満足なコントロールを提供できない場合。 | 化石燃料などのエネルギー源の調達は，中東を含む世界の政治・経済情勢によって大きく影響を受ける。 |
| (5) | 対象とする時間軸が十分に長く，大きな選択の余地がある場合。 | 2050年を対象としたときの時間的な観点からは，様々なエネルギー供給源（例えば，再生可能エネルギー，原子力など）を選択し，それに対応したインフラを整備することが可能である。 |

を共有し、その目標の達成に向けた行動の指針を明確化することにある（Quist, 2007）。実社会では多様なステークホルダー（専門家、政策立案者、産業界、市民など）が存在するため、バックキャスティングではそれらステークホルダーの参加を前提とした、いわゆる「参加型（participatory）」のアプローチがよく用いられる（Quist and Vergragt, 2006）。ここでは、ワークショップやアンケートといった手法を利用することによって、ステークホルダーから様々なアイデアや知識を取り込む（Glenn et al., 2003）。

環境と開発に関する世界委員会（WCED, 1987）が示した持続可能な開発の概念は、必ずしもバックキャスティングの考え方に沿って描かれたものではないものの、広い意味での将来像ととらえることができる。ただし、将来像は必ずしも望ましい将来像を描いたものである必要はなく、あえて望ましくない、回避したい将来像を想定することもありうる。例えば、アメリカの生態学者であるレイチェル・カーソン（一九〇七―一九六四）は一九六二年に出版した「沈黙の春」（Carson, 1962）の中で、化学物質によって深刻な環境汚染が引き起こされた将来を示した。

**持続可能性に関するバックキャスティングの関連研究**

図4-3に示したようなバックキャスティングを実行するための方法については、これまでに多くの研究者によって提案がなされている。その代表例のひとつとして、Robinson（1990）は望ましい（または、望ましくない）将来から現在までの道筋を描くための一般的なバックキャスティング

の手順を、以下の六つのステップにより定義している。

1．バックキャスティングの目的と分析範囲の定義：バックキャスティングを実施する目的を明確化し、そこで分析対象とするシステムの時間的・空間的な範囲を明確に定義する。

2．将来の目標・制約の設定：将来の具体的な目標や、分析対象とするシステムの制約条件を設定する（例えば、二〇五〇年の$CO_2$排出量を一九九〇年比で七〇％削減するなど）。ここで、将来の目標または制約条件は、必ずしも数値化できるものとは限らない（例えば、ライフスタイルなどは定量化が困難である）。

3．現在の状況の記述：バックキャスティングにおいて、将来の目標・制約と接続すべき現在の状況について記述する。

4．外部要因（exogenous variables）の明確化：分析対象とするシステムにおいて、バックキャスティングの対象としない要因（外部要因）を特定し、それらの将来動向については外部の文献などを参考にして予測する。例えば、二〇五〇年の$CO_2$排出量を七〇％削減した将来を実現するために必要な技術や政策をバックキャスティングする場合には、人口の変化などが外部要因になりうる。

5．シナリオ分析の実行：ステップ２～４の結果に基づき、最終的な将来像および現在と将来像の間に存在する中間点の将来、ならびに、それらを接続する移行過程を分析する。分析においては、将来像や中間点に対する仮定が異なる複数のシナリオを想定する。必要に応じて、定量的な分析を実施するための数理モデルを利用する。

6．影響評価：ステップ5で想定した各シナリオを社会、経済、環境面の影響について分析し、ステップ2で設定した目標を満足するまで分析を繰り返す。

上記の手法を応用して、Mander et al.（2008）は二〇五〇年までに$CO_2$排出量を一九九〇年比で六〇％削減させるという目標のもと、英国におけるエネルギーの将来像を描いている。そこでは、エネルギー需要を満足させることを制約条件とし、$CO_2$削減目標を達成するためのエネルギー供給源のベストミックス、および、それを達成するための技術開発・インフラ整備のロードマップを検討している。同様に、バックキャスティングの手順は他の研究者によっても提案されており、それらの手法は低炭素社会に向けたエネルギーの将来像や、持続可能な社会に向けた企業のビジネス戦略などの事例に適用されている（Mander et al., 2008; Lundqvist et al., 2006; Kuisma, 2000）。

いま、仮に七世代先（約二〇〇年先）の日本の社会像を図4-3のバックキャスティングの方法に沿って描く場合を考える。手順（1）で社会の将来像を立てようとするときには、経済（GDP、世帯収入など）、環境（$CO_2$排出量など）、社会（治安など）、個人（健康など）といった様々な側面を考える必要があるだろう（松橋ら、二〇一三）。バックキャスティング的な発想を使えば、これらの様々な側面の望ましい状態を想定することによって、理想的には数十年先から、一〇〇年先、二〇〇年先までを見据えた超長期の将来が記述できる。しかし、その一方で現実の問題を対象とした場合の課題を以下に三つ指摘したい。

一つ目の課題は、人々が頭の中に描く「望ましい将来社会像」は個々人の価値観に左右されるため、そのイメージは人によって大きく異なりうるということである。この課題に対応するための手段のひとつは、バックキャスティングの考え方に基づいて複数のシナリオを描くことである。例として、二〇一二年には政府のもとで設置されたエネルギー環境会議が二〇三〇年の日本の電源構成として、原発依存度に応じた三本のシナリオ、すなわち、（A）〇％シナリオ、（B）一五％シナリオ、（C）二〇〜二五％シナリオを作成した。これらのシナリオには経済性や環境性の観点で違いがあるが、その選択には絶対的な正解はなく、最終的には社会もしくは国民の選択に委ねられるものである。

二つ目の課題は、多世代にまたがるような問題を対象とした場合には、現世代と将来世代（例えば、七世代先、二〇〇年先の世代）の利害は必ずしも一致しないことである。その典型的な例は原子力発電であり、電力を利用できる権利は現世代のみに付与されるのに対し（ただし、その電力を使用して得られた経済的基盤やインフラは、その後の数世代にわたって効用をもたらすかもしれない）、その際に発生する使用済み核廃棄物の処理は、多世代にまたがって将来世代の負担となる。

三つ目の課題は、手順（2）において、将来像から現在に向かって時間とは逆の流れに沿って道筋を描くことは相対的に容易でないという点である。例えば、航空機利用によって石油を消費すると、$CO_2$排出量が増加することで地球温暖化は増幅するだろうと言うことができる。これは時間の流れに沿った思考である。一方で、逆に地球温暖化を引き起こす原因や道筋を考えようとするとどうだろうか。この場合は、最初に原因となりうる様々な選択肢（航空機の利用、太陽活動の活発化、自由貿易協定の締結による国家間貿易の活発化、などなど）を想定した上で、次にそれらが結果として地球温暖化に影響を及ぼすかどうかをそれぞれ検証してみることが必要となるだろう。このように時間の流れに逆らった思考が簡単でない理由には、ある結果に対する原因が一般には多数存在すること、および、人間の思考は基本的には時間の流れに沿った因果関係に基づいていることが挙げられる。しかし、コンピュータによるシミュレーション技術などを使えば、この課題はある程度軽減できる可能性がある。バックキャスティングに関する人間の思考をコンピュータによって支援するための研究も一部で進められている（例えば、Mizuno et al.（2012）、文部科学省科学研究費新学術領域「生物多様性を規範とする革新的材料技術」（2013））。

## 3　日本の将来社会に対するバックキャスティング適用の試み

前節で述べたとおり、バックキャスティングについては国内外で様々な研究が行われている。その一方で、人々が持つ価値観は本質的に多様であり、環境省（西岡、二〇〇八）が示した二本のシナリオだけでは日本の将来社会があるべき姿は必ずしも描き切れていない。このような問題意識のもとで、筆者は国立環境研究所および大阪大学の研究者と共同して、二〇五〇年の持続可能な日本の将来社会シナリオの作成を試みている（木下ら、二〇一三；三宅ら、二〇一四）。ここでは、図４−３で示した将来像と移行過程の一組をもって「シナリオ」の一単位と呼ぶことにする。本節では、バックキャスティング研究の一例として、筆者らが提案しているバックキャスティングに基づく将来社会シナリオの作成手法と、その手法を用いて作成した二〇五〇年の日本の将来像を紹介する。

### バックキャスティングに基づく将来社会シナリオの作成手法

本手法では、人々の価値観の違いを反映させた複数の将来像を描くためにワークショップを開催することによって、参加者が将来社会をイメージする際に重視するファクター（例えば、健康、財政、生態系など）を抽出する。ここでは、ワークショップ参加者による重要度が大きく異なるファクターとして「キーファクター」を定義し、それを軸として異なる将来像を発想する。本手法によるバックキャスティングの詳細な手順は以下のとおりである（木下ら、二〇一三；三宅ら、二〇一四）。

**（ｉ）シナリオの問題設定**　バックキャスティングによるシナリオの作成目的と、分析対象とすべき範囲を定義する。さらに、将来達成すべき目標および満足すべき制約を明確化する。

**（ii）ストーリーラインの記述**　ワークショップ参加者が、将来像と移行過程に関するストーリ

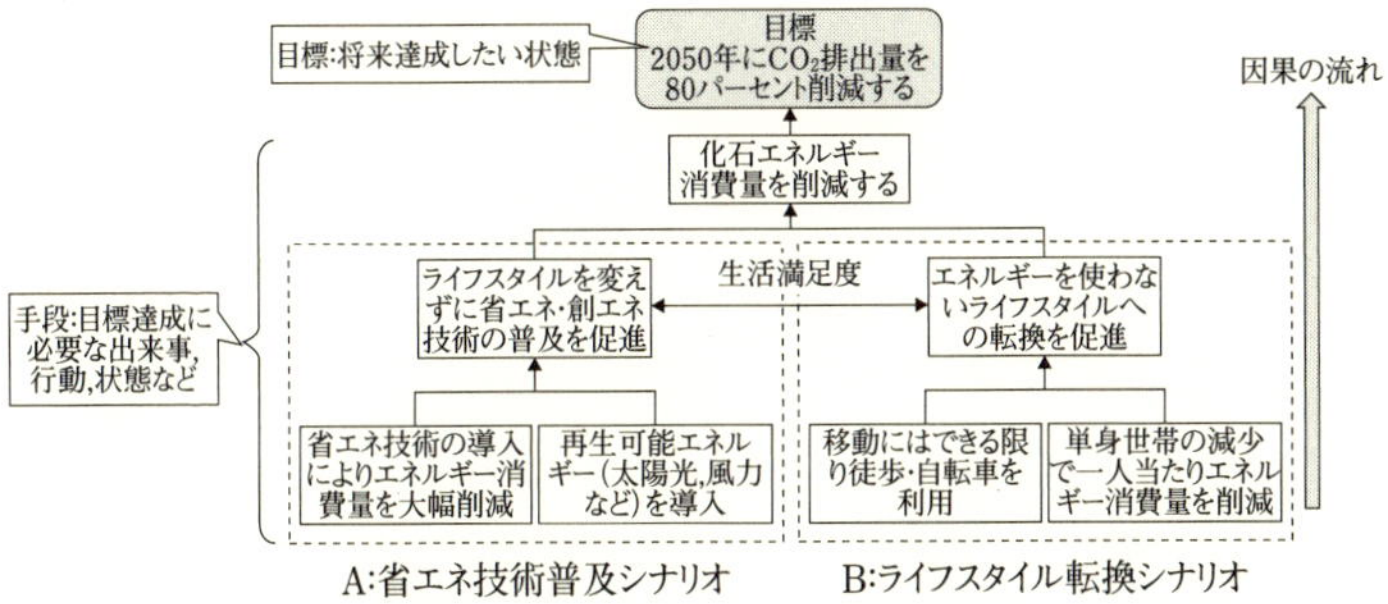
目標:将来達成したい状態
目標
2050年に$CO_2$排出量を
80パーセント削減する
因果の流れ
化石エネルギー
消費量を削減する
手段:目標達成に
必要な出来事,
行動,状態など
ライフスタイルを変えずに省エネ・創エネ技術の普及を促進
生活満足度
エネルギーを使わないライフスタイルへの転換を促進
省エネ技術の導入によりエネルギー消費量を大幅削減
再生可能エネルギー(太陽光,風力など)を導入
移動にはできる限り徒歩・自転車を利用
単身世帯の減少で一人当たりエネルギー消費量を削減
A:省エネ技術普及シナリオ
B:ライフスタイル転換シナリオ

図 4-4　ロジックツリーの記述例

ーライン（あらすじ）を記述する。それぞれのストーリーラインの作成においては、因果関係の逆追いによるバックキャスティング的な思考を支援するために、図4-4に示すようなロジックツリーを用いる。ロジックツリーの記述を通して、ワークショップ参加者は将来達成したい目標から、その目標の達成に必要と考えられる様々な手段をトップダウン的に発想する。この考え方に基づき、将来像と移行過程のストーリーラインをそれぞれ以下のとおり記述する。

まず、将来像のストーリーラインの記述では、ワークショップ参加者は将来達成すべき目標を実現するための様々なファクターを定義する。例えば、図4-4のように$CO_2$排出量の削減を目標とした将来像を描く場合には、エネルギー、国の財政、生活満足度などがファクターの例として挙げられる。ワークショップ参加者は各ファクターに対して数値で重みを設定し、それらの重みの平均値（平均重要度）と標準偏差に基づいてすべてのファクターを図4-5のマトリックスに配置する。このうち、参加者によって重要度の判断が大きく異なる第一象限のファクターを、キーフ

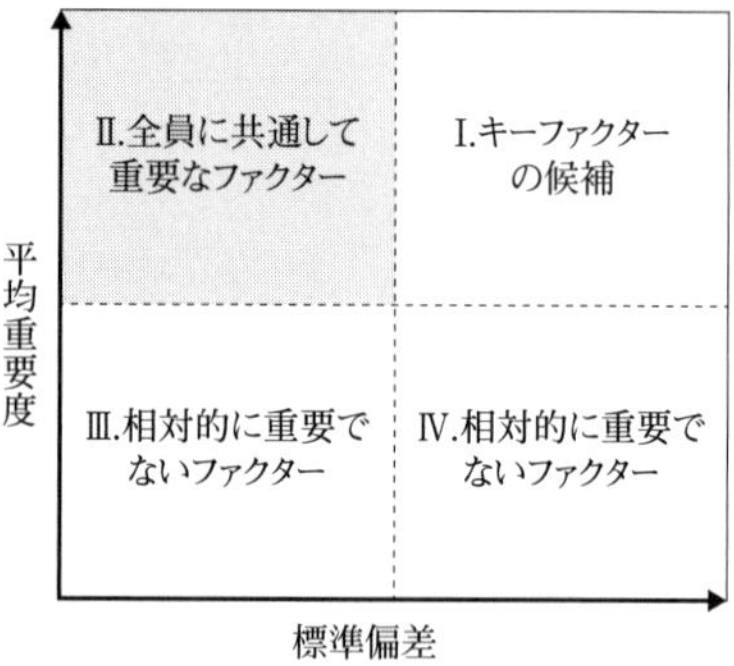


図4-5　マトリックスを用いたキーファクターの抽出

アクターの候補とする。図4-4の例では、生活満足度をキーファクターとして選択し、その状態を二通りに変化させることによって、A：省エネ技術普及シナリオとB：ライフスタイル転換シナリオの二本のシナリオを描いている。他方、図4-5の第二象限は標準偏差が小さく参加者全員に共通して重要と認識されているファクター、第三、第四象限はともに参加者が重要視していないファクターと判断する。ワークショップ参加者は、キーファクターの状態の変化から持続可能社会の将来像を発想し、その発想した将来像をロジックツリー上で整理しながら具体的に記述する。

次に、ワークショップ参加者は記述した各将来像のストーリーラインから移行過程のストーリーラインを展開する。ここでは、各将来像を実現するための手段をロジックツリー上に記述し、シナリオを詳細化していく。

**（iii）シナリオの詳細な記述**　ステップ（ii）でワークショップ参加者が記述した将来像と移行過程のストーリーラインをそれぞれ詳細化することによって、シナリオを詳細に記述する。

### ケーススタディ：二〇五〇年における持続可能な日本社会の将来像

ケーススタディとして、前項の手法を用いて二〇五〇年における持続可能な日本の将来社会シナリオのうち、特に将来像までを作成した結果を紹介する。筆者らは大阪大学の教員と大学院生を対象としたワークショップ（計一八名）を開催し、参加者からのアンケートに基づいてキーファクターを抽出し、結果として四つの将来像を作成した。ただし、シナリオの問題設定は、国立環境研究所と大阪大学の研究者が協同して定義したものである。以下では前項の手順のうち、（ⅰ）と（ⅱ）に対応する部分について作成したシナリオの一部を示す。

**（ⅰ）シナリオの問題設定**　シナリオの作成目的と含めた問題設定を表4-3のとおり定義した。このシナリオでは、持続可能な社会における産業のあるべき姿に焦点を当てることとし、メインアクターを日本の産業界とした。シナリオが満たすべき目標として、$CO_2$排出量の八〇％削減を掲げた。制約条件としては、今後日本が直面する可能性の高いと言われている資源枯渇とエネルギー問題、および、人口動態の変化を想定した。

**（ⅱ）ストーリーラインの記述**　日本の持続可能な将来社会を描くに際しては、表4-4に示した四分野、一二個のファクターをワークショップ参加者に提示し、各ファクターに対する重み付けを依頼した。ここで、表4-4の持続可能性ファクターは、持続可能性の目標あるいは指標に関する

**表 4-3　日本の持続可能社会シナリオ作成に向けた問題設定**

| 項　目 | 内　容 |
|---|---|
| タイトル | 日本の持続可能社会シナリオ |
| 目的 | 2050 年における日本の持続可能な社会の将来像，およびその実現のための移行過程を描くこと。 |
| 期間 | 2010〜2050 年 |
| 地域 | 日本および日本周辺 |
| メインアクター | 日本の産業界（第１次，第２次，第３次産業を含む） |
| アクター | 消費者，日本政府，研究者，非政府組織（NGO）・非営利組織（NPO）など |
| 目標・制約 | 2050 年までに $CO_2$ 排出量を 2005 年比で 80% 削減する。<br>資源は枯渇し，エネルギー問題は深刻化する。<br>2050 年に世界人口は 90 億人に，日本の人口は約 9,000 万人になる。また，2050 年に日本の生産年齢人口は約 5,000 万人になる。 |

国内外の様々な既存研究の調査に基づいて整理したものである（松橋ら、二〇一三）。重み付けの方法は二段階とし、第一段階では持ち点一〇点を個人、社会、経済、環境の四分野に対する点数として割り振ってもらい、第二段階では各分野内の合計が一〇点となるように各ファクターに対する点数を割り振ってもらった。そして、分野の点数と分野内におけるファクターの点数の積を、そのファクターの重要度と定義した。

参加者間の重みの平均値（平均重要度）と標準偏差に応じて、ファクターをマトリックスに配置した結果を図４–５に示す。図４–５の象限は、一二個のファクターに対する平均重要度と標準偏差の加重平均に基づいて区分した。第一象限に含まれるキーファクターの候補は「健康」、「生活満足度」、「資源」、「職場」の四つであるが、ここではワークショップ参加者間の議論に基づき、「生活満足度」と「資源」の二つをキーファクターに選択することによって将来像を想定した。これら二つのキーフ

**表 4-4　持続可能性を構成するファクター（松橋ら，2013）**

| 分　野 | ファクター | 説　明 |
|---|---|---|
| 個　人 | 健　康 | 心身ともに健康で過ごせること |
| | 選択機会 | 選択機会が平等に得られること |
| | 生活満足度 | 生活満足度が高く，充実した時間を過ごせること |
| 社　会 | 災　害 | 危険事象（放射線漏洩など）・災害に対する回避能力・レジリアンス（復元力）があること |
| | 多様性 | 人々の多様性が認められた社会であること |
| | 誇　り | 歴史や文化に基づき愛着や誇りを持てること |
| 経　済 | 職　場 | 真っ当な職場で働くことができること |
| | 財　政 | 日本の財政が正常であること |
| | 生産性 | 日本の生産活動において，投入資源（人材，資材）に対する付加価値が高いこと |
| 環　境 | 資　源 | 資源・エネルギーが有効に利用できること |
| | 生態系 | 生物多様性と生態系が保全されること |
| | 環境負荷 | 日本社会の活動に伴う地球環境への負担が小さいこと |

アクターの状態をそれぞれ二種類ずつ変化させ、それらを掛け合わせることによって四本の将来像を描いた。

図4-7に示すとおり、「生活満足度」からは個性の尊重―協調性の尊重という二種類の社会を、「資源」からは脱物質化―物質循環型という二種類の社会を想定した。各将来像に対しては、表4-5に示すようにストーリーラインを叙述的に記述した。例えば、「A．悠々自適シナリオ」では、個性を尊重して脱物質化を実現した社会であることから、ワークライフバランスを重視したライフスタイルを送ると同時に、サービス化の進んだ産業を描いた。一方で、「B．幸福追求シナリオ」では物質循環型で経済活動が活発であり、そこでは国民の独立心が強いことから起業家が多い社会を

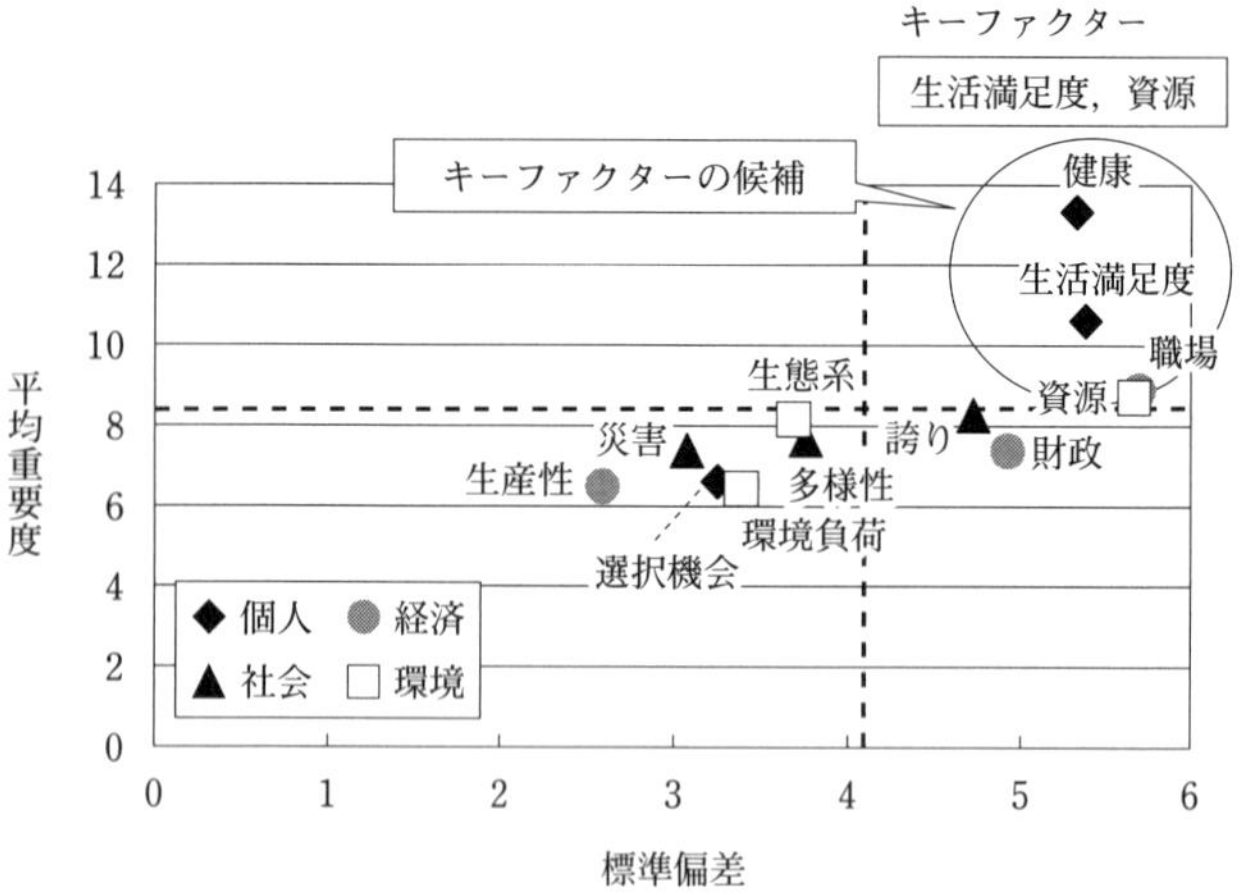
キーファクター
生活満足度，資源
キーファクターの候補
健康
生活満足度
職場
資源
生態系
誇り
財政
災害
生産性
多様性
環境負荷
選択機会
個人
経済
社会
環境
平均重要度
標準偏差
0
2
4
6
8
10
12
14
0
1
2
3
4
5
6

図 4-6　ワークショップ参加者への調査に基づくキーファクターの抽出（三宅ら，2014）

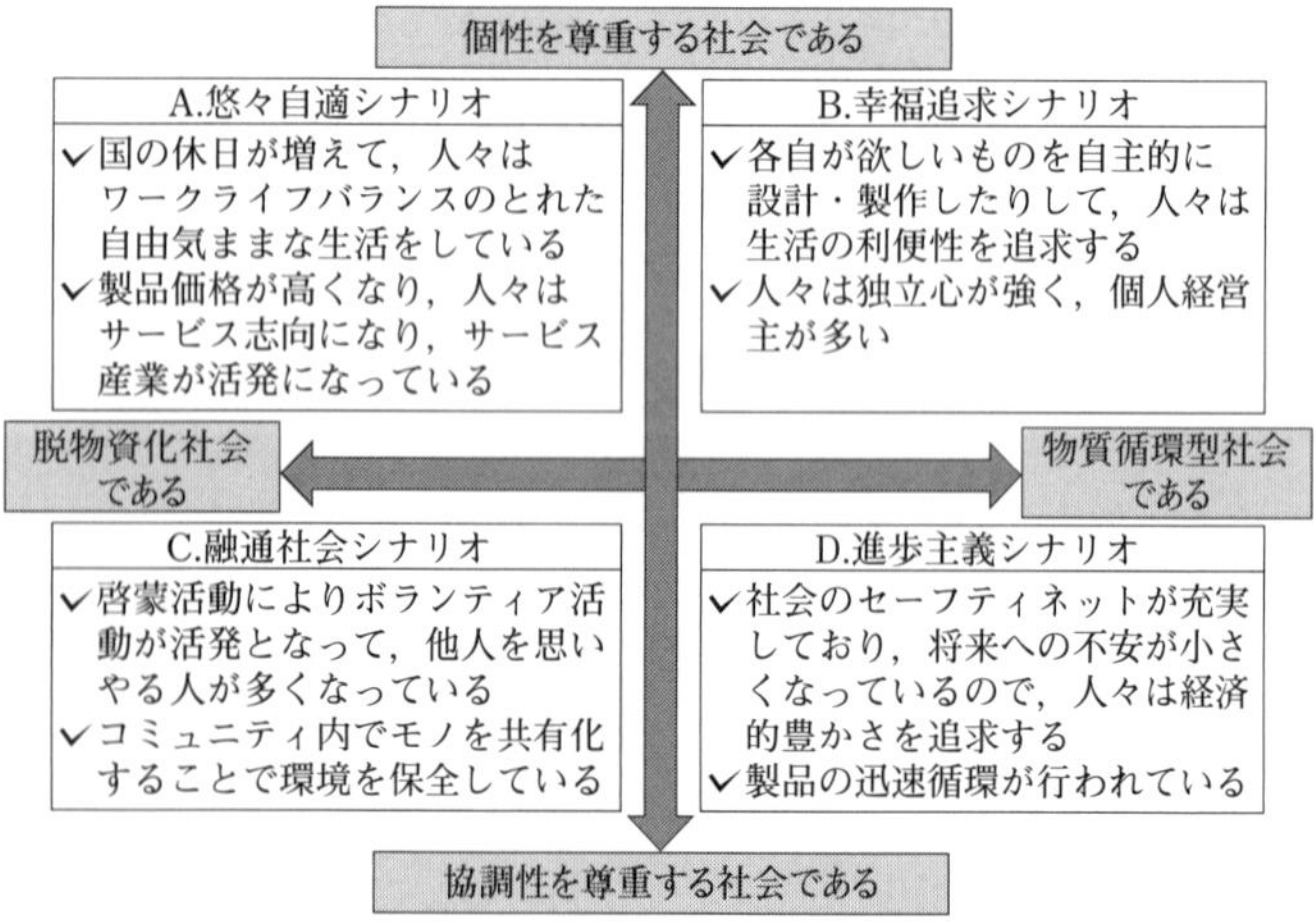
個性を尊重する社会である
A.悠々自適シナリオ
✓国の休日が増えて，人々はワークライフバランスのとれた自由気ままな生活をしている
✓製品価格が高くなり，人々はサービス志向になり，サービス産業が活発になっている
B.幸福追求シナリオ
✓各自が欲しいものを自主的に設計・製作したりして，人々は生活の利便性を追求する
✓人々は独立心が強く，個人経営主が多い
脱物資化社会である
物質循環型社会である
C.融通社会シナリオ
✓啓蒙活動によりボランティア活動が活発となって，他人を思いやる人が多くなっている
✓コミュニティ内でモノを共有化することで環境を保全している
D.進歩主義シナリオ
✓社会のセーフティネットが充実しており，将来への不安が小さくなっているので，人々は経済的豊かさを追求する
✓製品の迅速循環が行われている
協調性を尊重する社会である

図 4-7　日本社会の 4 つのシナリオ（将来像）（三宅ら，2014）

想定した。

## 4　フューチャー・デザインに向けたバックキャスティングの有効性と今後の展開

本書では、望ましい将来社会を設計するためのコンセプトとしてフューチャー・デザインを提唱している。フューチャー・デザインの手法の一つとして、本章ではバックキャスティングの考え方とその関連研究について述べてきた。第3節の手法ではワークショップ参加者間の考え方の違いに応じたシナリオの発想を支援した。このように、バックキャスティングの考え方に基づいて日本の将来社会が満足すべき目標や制約を明確化し、シナリオとして目指すべき将来の選択肢を構想することは、これからの日本における技術開発の方向性や制度設計のあり方を議論するための思考実験ツールと位置付けることができる。さらに、シナリオの作成に定量的な評価を用いれば、将来像と移行過程の両方に対してより詳細な分析が可能となる。

その一方で、バックキャスティング研究の理論的手法については、まだまだ発展させるべき余地が多い。第2節ではバックキャスティングに関する三つの課題を指摘したが、バックキャスティングを用いたシナリオ（将来像、移行過程を含む）を科学的に作成および分析するための手法はまだ十分に研究されていない。今後、様々な観点から研究を進めることが必要であろう。ここまで述べてきたように、理想の社会像を描くためにはバックキャスティングの考え方が有用である。その一方で、理想の社会像に向けて選択しうる様々な方策（技術や政策など）の影響を評価する際には、その方策が目先の問題に与える効果だけではなく、その副作用として引き起こされうる新たな問題までをも視野に入れる必要がある。この点では、フォアキャスティング的な発想も必要であろう。例えば、日本ではエネルギー自給率の改善と$CO_2$排出量の削減を目的として、二〇一二年七月より再生可能エネルギーの固定価格買取制度（Feed-in Tariff; FIT）[(2)]が施行された（経済産業省資源エネルギー庁、二〇一四）。その結果、二〇一四年時点で太陽光発電を始めとする再生可能エネルギーの普及は確かに大きく進んだが、同時にそれは一般世帯の電気代を押し上げる要因ともなっている。

以上のことから、フューチャー・デザインにおける研究課題の一つとして、あるべき将来像を見通すためのバックキャスティングと、現在から将来を見通すためのフォアキャスティングという二つの考え方を統合化することが挙げられる（Swart et al., 2004; Milestad et al., 2014）。このような統合化は、現在と将来像を実現可能な形で接続するような移行過程の描写に有効である。

もうひとつ重要な問題は、バックキャスティングの考え方・手法を実社会でいかにうまく使いこなすことができるかにある。例えば、バックキャスティングは果たして、世代間の利害調整あるいは世代間交渉に対してどの程度役立てられるのだろうか。言い換えれば、一人の人間の寿命は高々一〇〇年程度であるのに対して、それをはるかに超えるような超長期（例えば、二〇〇年先）にわたって影響を及ぼす問題を解決するために、バックキャスティングは何らかの意思決定を支援でき

**表4-5 4つのシナリオに対する将来像のストーリーライン（三宅ら，2014）**

| シナリオ | 将来像のストーリーライン |
|---|---|
| A. 悠々自適 | 日本国民は，各自が自由気ままな自給自足の生活を送っている。具体的には，環境に配慮しながらゆったりとした生活を過ごしており，精神的にゆとりを持った人が多い。<br>日本社会は，あまり変化を好まない。環境を害さないように穏やかな文化であり，政府は生活に必要最低限の政策しか行わない小さな政府を志向している。<br>日本経済は，第3次産業が活発である。単純な作業は機械化が高度に進んでおり，人は知的な仕事に従事している。サービス産業の生産性が高い。<br>国民はあまり資源・エネルギーを使用せず，自然生態系に配慮して環境負荷の小さな生活を送っている。 |
| B. 幸福追求 | 日本国民は利便性を追求した生活を送っている。具体的には，自分のやりたいことに対して努力をし，活発に活動している。<br>国民の独立心が強い社会となっている。具体的には，政府の支援によって国民は自分の夢に向かって様々な活動を行っているので，多様な文化が混在している。<br>個人が活発に活動している経済である。起業家が多く，多数の個人事業主が様々な活動を行っている。国の財政の支出は小さい。<br>多数の自然保護団体が活発に環境活動を行い，生態系の保全や資源の国内循環による環境負荷の低減を図っている。 |
| C. 融通社会 | 日本国民は他人を思いやる人が多い。他の人とのつながりを大切にし，お互いに健康に気を遣いながら助け合って地域コミュニティを尊重している。<br>日本社会は，多様な地域の特色のある社会である。各地域でその土地の文化が根付いており，地域でその土地にあった政策が行われている。<br>日本経済は，信頼と助け合いの経済である。各地域で仕事のワークシェアが進み，地域によって得意な産業が異なる。地方ごとに財政管理がなされている。<br>地域コミュニティ内での協力によって，地域の環境が保全されている。具体的には，地域コミュニティ内で地域の生態系や資源を共有化や再生可能エネルギーによる発電によって，環境負荷を小さくしている。 |

**表4-5　4つのシナリオに対する将来像のストーリーライン（三宅ら，2014）**

| シナリオ | 将来像のストーリーライン |
|---|---|
| D．進歩主義 | 日本国民は，社会の進歩のために協力的である。具体的には，社会貢献することに喜びを見出し，社会貢献するための不自由はあまり気にせず活発に活動している。<br>新しい文化が次々に生まれて社会全体に普及するので，社会の変化は速い。そのような変化に対応するために，政府は柔軟である。<br>日本経済は，国が一丸となって環境との調和のとれた経済的発展を目指している。政府が主導して，環境と経済を高めるための高い環境技術を扱う企業が発展している。<br>環境は，高度な環境技術と国民の協力によって保全されている。具体的には，政府が国民の協力を得て国内外での資源循環，再生可能エネルギーによる発電，生態系の保全等を実施することにより，環境負荷を小さくしている。 |

るのだろうか。この点では、第3章で述べた将来世代の役割に期待するところが大きい。すなわち、仮想的に将来世代を創り出すことができれば、将来世代の思想の根幹をバックキャスティングで描くことが期待できる。この結果、現世代が思い描く将来像とバックキャスティング的思考に基づいて将来世代が描く将来像の違いをあぶり出すことによって、少なくとも世代間の利害調整に向けた論点が整理できそうである。

上に示したような種々の課題に加えて、バックキャスティング的な思考ができる能力を持った人材の育成も課題の一つである。恐らく近い将来、国家、企業、組織などのトップに立つ人間にとっては必須の能力となるだろう（ただし、そのような能力を有した人間は全体の二〜三%もいれば十分に思える）。いずれにしても、フューチャー・デザインに向けたバックキャスティング研究の取り組みは、まだ緒についたばかりである。その有用性・実効性を広く世に示せるようになるまでには、様々な例題を通して研究と実践の両方を着実に積み重ねてゆかなければならない。

注

（1）当時は backward-looking analysis と呼ばれていた。その後、この考え方は Robinson（1982）によってバックキャスティング（backcasting）と命名された。

（2）「再生可能エネルギーの固定価格買取制度」は、再生可能エネルギーにより生み出された電力の買い取りに要した費用を国民が負担する制度である。

# 第5章　科学技術イノベーション政策とフューチャー・デザイン

青木玲子(1)

## 1　フューチャー・デザインと何の関係があるのでしょう?

科学技術イノベーション政策(Science, Technology and Innovation Policy, STIP)は市民の生活の向上にかかせない、科学の知識や技術を生み出して利用するための政策です。iPS細胞の研究のようにいずれ将来に貢献が期待される基礎的な研究の支援、基礎的な研究から生まれた知識や技術を医療機器や薬品の生産につなげる研究の支援、将来の研究者の育成のための政策などがSTIPです。また、研究を担う大学、研究所や企業のような組織の支援や、組織の在り方を決めていくのもSTIPの一部です。

以上の例はSTIPのごく一部です。しかし、STIPには二つの特徴があることがお分かりでしょう。第一の特徴は、教育とか基礎研究のように、数年から数十年の将来効果がある政策が多いことです。有識者による将来を見据えた重要な研究や人材育成の方針などの提案をもとに、国が予算を誘導していきます。第二の特徴は、ＳＴＩＰという一つの政策があるのではなく、厚生労働省の医療、文部科学省の教育といったように、別々の省庁の政策がＳＴＩＰを構成していることです。しかもそれぞれの省庁の政策は連携して実行されなければなりません。たとえば、将来の医療に従事する人には必要な知識と技術を教育しなければなりません。そのためには厚労省と文科省が連携する必要があります。つまり、省庁が連携して将来のための政策を立案・実行するのがＳＴＩＰの中身です。まさに、第2章で説明のあった将来省と同じですが、ＳＴＩＰはすでに存在する政策です。目指す社会の将来像に関連するすべての政策を管轄する将来省と比べて、ＳＴＩＰの内容は科学技術とイノベーションに限定をされています。しかし、科学技術とイノベーションは将来省の重要な政策の一部となるでしょう。

平成二七年度予算の中で社会保障予算（年金国庫負担・医療）は一一兆円、年金特別会計は八四兆円であるのに対して、科学技術予算は五兆円程度です。われわれは人口減少による労働力の減少や、エネルギーの枯渇を科学技術イノベーションによって克服しようとしています。そのとき、将来世代に十分に資源を配分しているのでしょうか？　そもそも十分配分しているかどのように判断して、望ましい配分にコミットしていけばよいのでしょうか？　ＳＴＩＰの現状と問題点を理解することはフューチャー・デザインにとって大変大事なことなのです。

## 2　科学技術イノベーション政策（ＳＴＩＰ）は本当に必要なのか？

科学や技術の研究は秋のノーベル賞や文化勲章の受賞シーズンには注目を浴びますが、ＳＴＩＰはエネルギー政策や医療制度と比べるとそれほど新聞やテレビで話題になりません。しかし、山中伸也教授や天野浩教授の研究も国のＳＴＩＰの一環の研究資金や研究機関で行われました。風力発電、デング熱の予防、蚊の生態など、エネルギー政策や医療サービスに欠かせない科学知識や技術を生みだすための政策が、まさにＳＴＩＰです。このように、ＳＴＩＰは市民の毎日の生活や企業の活動への影響が大きい政策です。重要だから、国が先頭にたって、計画をたてて税金を投入するのだと思いがちですが、実は第2章で説明をした将来省の必要性と同じように、市場に任せておくと、十分な資源が科学技術イノベーションへ配分されず、新しい知識やそれを利用した新しい薬品や代替エネルギーが不足する恐れがあるのです。

市場に任せる、つまり個人投資家とか企業に任せるとどうしてうまくいかないのでしょうか？それは新しい知識、つまり情報は、自動車や洋服といった普通の財とは根本的に異なる性質があるからです。まず情報はたくさんの人が同時に恩恵を受けること、つまり消費することが可能です。同時に何人もの人やたくさんの企業が、同じ製造方法を使って薬品を製造することが可能です。これは普通の財ではできません。一着の洋服は一人しか着ることができませんし、自動車に乗れる人数もドアを閉めることで簡単に乗車の制限ができます。しかも、洋服や自動車がだんだん傷んでいくように知識が傷むということはありません。薬品の製造方法が使われなくなったり、価値がなくなるのは、傷んだからではなく、もっと効き目のある薬品が発明されたり、もっと安価な製造方法が発見されたからです。これに対して、情報という財は、同時に何人も使えるので使用者を制限することが難しく、またどんなに使っても傷むことがないので、社会的には制限する必要がなく、制限するべきでもないのです。

さらに、数学や物理のような基礎的な研究は、研究成果がすぐには社会で利用されなかったり、恩恵をうける人が不特定多数であるという特徴があります。研究成果や発見が数十年後に社会にとって直接有益な技術や製品になったことはよくあることです。ノーベル賞しばしば一〇年とか二〇年前の研究成果に対して授与されます。人類にとっての実用的な価値が実現されるのにそれだけ時間がかかったのです。また、ピタゴラスの定理や浮力、揚力といった知識は数千年にわたって人類に利用されています。さらに、成果がでるまでに何年もかかった研究を行った研究者は、自らも何年もかけて勉強して一人前になりました。その研究者に影響を与えた恩師の研究人生も考慮すると、タイムフレームは普通の企業の投資計画の範囲を超えています。また、物理の研究成果であるレーザーが医療に応用されたり、数学の整数論がインターネットバンキングの暗号に利用されたり、研究成果がだれによって、どの産業に、いつ活用されるかも完全に予測することは不可能です。むしろ予測不可能な発見や技術こそ本当に人類にとって価値のある革新的な科学技術なのかもしれません。

成果がでるのに時間がかかり、成果がでると今度は利用している人と利用していないひとが区別できないのが科学知識とか技術という情報です。つまりいつ投資を回収できるかわからず、成果がでても利用者が特定できないので使用料を要求することは難しい。これではいったい、重要な発見や研究の投資を誰がやってくれるのでしょう？

国家が投資することが一つの解決方法です。つまり、国が科学技術イノベーションを政策として実行するのです。しかし、国家が投資するのが唯一の解決策ではありません、実際、フォード財団、ゲーツ財団、野村財団などの民間財団は研究のための資金を提供しています。近代国家ができる前は、資産家が研究者を支援したり、資産家自身が研究をやることが主流でした。たとえばティコ・ブラーエ（Tycho Brahe）は一六世紀のデンマークの貴族で、自分の資産を投じて天体望遠鏡を作成して天体データを集積し、やがて農民出身のヨハネス・ケプラー（Johannes Kepler）を自分の助手として雇いました(3)。

ＳＴＩＰというと宇宙とかｉＰＳ細胞などへの支援を思い浮かべますが、人材育成もＳＴＩＰの重要な要素であることを指摘しておきます。新しいアイデアを生み出すのは人間であり、基礎研究を産業に応用する方法を考えるのも人間です。人間が生活していくための基本知識とスキルを身につけることは、憲法で保障されている教育と考えることができる一方、教育は有能な経済社会活動の担い手を育てるという役割もあります。つまり、教育を受けた人間は人生を楽しく過ごせると同時に生産的な社会のメンバーでもあります。基礎研究をやる人も、生産ラインを支える人も、優秀な人材であると国全体が恩恵を受けるのです。さらに数十年先の人材を育成するための教育や、教育する施設にも投資が必要です。親は子供の教育を一生懸命やります。しかし、世襲制の家業でもないかぎり、五歳の子供に一五年先に必要になる知識や技術を予測して教えることは親だけでは十分にできません。大企業でも将来必要な人材をすべて予想して教育することはできません。国家がやらなければならないのです。

## 科学技術イノベーション政策とは何か？

ここで、日本を中心に今日の科学技術イノベーション政策を少し具体的に紹介しましょう。皆さんがよく知っている研究や機関もありますし、知っていてもＳＴＩＰの中に入ると認識しなかったものもあるでしょう。まず、数学や物理といった基礎的な学問の研究や、研究から産業への橋渡しの研究などへの国による資金支援があります。日本では日本学術振興会（ＪＳＰＳ）が最も基礎的な研究のための競争的資金[4]を研究者に直接提供しています。基礎的な研究の成果である科学知識や技術のなかには、製品やサービスになりそうなものがあります。その場合は、科学技術振興機構（ＪＳＴ）が提供する資金で研究を推進できます。大学と企業の研究者が資金を使えるので、大学と企業の研究者が連携して研究をすることも可能です。また、資金を提供するだけでなく、自ら研究を推進する公的機関もあります。理化学研究所（理研、ＲＩＫＥＮ）は大学でもやるような、最も基礎的な研究をする公的機関です。(5) 他に産業技術総合研究所（産総研、ＡＩＳＴ）、宇宙航空研究開発機構（ＪＡＸＡ）、農業生物資源研究所（生物研、ＮＩＡＳ）、国立情報科学研究機構（ＮＩＩ）といった、分野を特定して基礎から実用化までの研究を行っている機関もあります。

外国でも、日本のＪＳＰＳとＪＳＴのように、基礎研究と応用研究・技術実装を分けて資金提供したり研究をする機関を設けている例が多くあります。基礎研究支援の例としては、資金提供のための米国国立科学財団（National Science Foundation）や中国の国家自然科学基金委員会があり、基礎研究のための資金提供と同時に自らも研究も行う公的機関の例としてはドイツのマックスプランク学術振興協会（Max Plank Gesellshaft）があります。応用段階支援では、中国では国務院の科学技術部が技術の実装のための資金を配分していて、ドイツではフランホーファー応用研究促進協会（Franhofer Gesellshaft）が応用研究の資金提供と研究を行っています。

米国では応用研究や技術の実装に特化した公的機関は存在せず、分野を特定した機関が基礎研究支援と商業化への投資を行っています。たとえば国立衛生研究所（National Institute of Health）は厚生省（Department of Health and Human Services）の機関で、基礎研究を実行すると同時に大学などの研究機関に資金提供をする一方、Small Business Research Initiative（ＳＢＲＩ）の資金も扱っていて、新しい技術のビジネスを始める企業に資金提供をしています。国防省の研究機関であるDefense Advanced Research Projects Agency（ＤＡＲＰＡ）も最終目標は軍事技術ですが、基礎研究支援もやっています。

大学は各国で人材育成の重要な役割を果たしています。さらに、先進国では義務教育と無償の初等教育が確立していますが、これもＳＴＩＰの一部として重要です。国民が全員教育を受けて、識字率が一〇〇％に近い社会では、先端的な科学技術を生みだす人材が豊富にいるだけでなく、新しい知識や技術が早く普及します。ですからＳＴＩＰの一部としても発展途上国の公的教育の推進は重要であり、重点的な資源配分が必要です。

## ３　科学技術イノベーション政策の資源配分機能

科学技術イノベーション政策（ＳＴＩＰ）には、二つの調整機能があります。第一に、いろいろな科学技術やイノベーション間の調整をすること、第二に、成長戦略、産業政策や医療政策といった国の他の政策と科学技術イノベーション政策との間の調整です。二つの機能は関係がありますが、異なる機能であることを認識する必要があります。

今日の我が国のＳＴＩＰは平成七年に制定された科学技術基本法に基づいています。基本法は、①研究者等の創造性の発揮、②基礎研究、応用研究および開発研究の調和ある発展、③科学技術と人間、社会および自然との調和の三点による科学技術振興と、振興に関する国および地方公共団体の責務をおこなうことが科学技術政策イノベーション政策であると規定しています。さらに具体的に国が講ずべき施策として、多様な研究開発の均衡のとれた推進、研究者等の養成確保、研究施設・設備の整備と研究開発に係る情報化の推進、および研究交流の促進等が挙げられています。

これを実行するために科学技術基本計画が五年ごとに閣議決定され、現在の第四期科学技術基本政策は平成二三年八月に制定されました。簡単にいうと、基本法の目的を達成するために、どのプロジェクトや機関に資源を配分していくか、つまり国の予算をどこに配分していくかについて、これまでの成果や内外の経済社会環境に対応して五年ごとに枠組みを定めているのが科学技術基本計画です。基本計画は直近五カ年の予算編成の方向を示すもので、民間投資もこれを参考して行われていると言ってよいでしょう。平成八年に制定された第一期から五年度の基本計画を見比べると、計画の構成枠組もふくめて計画ごとに変化してきています。日本の内外の環境がかわって、国や社会のSTIPの考え方も変相してきたからです。たとえば、平成二三年度の夏に採択された第四期計画の「震災から復興」は、第一期~第三期基本計画にはなかった項目です。

基本計画に従って、国家予算を各機関にどのように配分するかを決めるしくみも、STIPの一部と考えられます。日本の場合、内閣総理大臣が議長である総合科学技術イノベーション会議が、国としてどの分野に予算を重点配分するべきかを決定します。科学技術政策担当大臣のほかに経済産業大臣、文部科学大臣、総務大臣、財務大臣と企業と学界出身の有識者が会議の構成員です。会議は、科学技術政策研究所やJSTによる技術や産業動向の調査結果、経済団体連合や産業競争力懇談会などがまとめる報告書、有識者からなる専門委員会のまとめなどを参考にして審議して、議長の内閣総理大臣に対して意見具申や要請があれば答申をだします。

毎年基本計画に沿って、総合科学技術イノベーション会議がＳＴＩＰ予算の構成方針を決めます。限られた国の予算を効果的に使うために、各省庁の予算が協働するような具体的な枠組みをつくってまとめるのです。平成二五年度の場合は、まず「復興再生並びに災害からの安全性向上」「グリーンイノベーション」「ライフイノベーション」の三つのアクションプランがありました。それらを補足するように、「産業競争力の強化に向けた共通基盤の強化」、「我が国の情報セキュリティの強化」、「安全かつ豊かで質の高い国民生活の実現」「我が国の産業競争力の強化」「国家存立の基盤の保持」「アジア共通の問題解決」などの重点化課題や重点化目的があります。アクションプランは基本計画の項目を直接反映していますが、重点化課題や目的は毎年それまでの達成度や内外の社会・経済の変化に従って調整される部分といえます。たとえば、世界の政治情勢はエネルギー情勢に影響するので、ＳＴＩＰのエネルギー関係の施策は調整されなければなりません。シェールガス技術の実用化は天然ガスの価格を下げ、代替エネルギーの開発の優先度に影響してきます。

アクションプランや重点課題の枠組みに従って、各行政機関が施策予算を立案・作成していきます。各省庁から提案された施策は補助金、委託研究費や運営費交付金など性格は異なりますが、どれも科学技術イノベーション政策の一端を担うものです。日本学術振興会の競争的資金や、宇宙航空研究機構（ＪＡＸＡ）や海洋研究開発機構（ＪＡＭＳＴＥＣ）の運営資金（運営費交付金）は文部科学省が、農業生物資源研究所は農林水産省が、産業技術総合研究所は経済産業省が、それぞれの省庁の予算として要求します。ＪＡＸＡの国際宇宙ステーション開発費補助金や、ＪＡＭＳＴＥＣ

が海洋資源調査を行うための資金などが含まれます。他にも企業との連携研究のための資金など運営費交付金以外の国の研究のための財源もあり、ＳＴＩＰが多面的な政策であることがわかります。

## 4　科学技術イノベーション政策の課題

すでに、ＳＴＩＰが重点化する研究や技術は何か、ＳＴＩＰの担い手である人材には研究者以外の誰を含めるのか、さらに実行する体制はどうようなものにするかは、科学技術計画ごとに異なっていることを説明しました。どの計画も新しい制度の整備とか既存の制度の改善を目指しているのは、前身の計画が目的に到達できなかったというよりも、社会経済の変化によって五年の間に環境と目的が変わるからです。

たとえば、現在の第四期基本計画は第三期以前のナノ、バイオといった技術分野中心の計画から、ライフイノベーションやグリーンイノベーションといった、課題中心に方向転換されているといえます。課題とは代替エネルギーの開発やライフスタイル疾患の予防といった社会的に対策や解決が必要とされている問題のことです。この方向転換の背景には、これまで日本人の研究者が幅広い分野でノーベル賞を受賞する一方、先端技術の代名詞であった日本の企業が世界市場で苦戦を強いられるという認識があります。つまり、先端的な学術的に優れた研究は活発にされているが、人々が必要としている製品やサービスに結びついていないのではないかということです。まず開発しなければならない製品やサービスを実現するために必要な技術や科学に力を入れようというのが、課題解決の考えかたです。

ところで、イノベーションという言葉は科学技術基本法には入っていません。しかし、先端的な科学技術が社会の直面する問題の解決や企業の活性につながっていないのは「イノベーション」の欠如であるという考えから、第四期科学技術基本計画の実行にあたっては、「科学技術政策」でなく「科学技術イノベーション政策」を行うことになりました。そして、平成二五年六月七日に閣議決定された「科学技術イノベーション総合戦略～新次元日本創造への挑戦～」で「イノベーション」の明示的な位置づけがされました。

さらに、平成二六年四月二三日に国会で可決・成立し、五月一九日から施行された「内閣府設置法の一部を改正する法律」では、「イノベーション創出の促進に関する総合調整機能等の強化」と「科学技術イノベーション施策の推進機能の抜本的強化」がＳＴＩＰの目標として含まれています。これにより、従来の「科学技術の振興」に加えて「研究開発の成果の実用化によるイノベーションの創出の促進を募るための環境の総合的な整備」に関する企画・立案を、内閣府の総合科学技術会議が行うことになりました。また、イノベーションの創出の促進をつのるための環境の総合的な整備に関する事務や、科学技術に関する関係行政機関の経費の見積もりの方針の調整に関する事務が内閣府の「総合科学技術会議」の仕事になり（後者は文部科学省からの移行です）、「総合科学技術会議」の名称が「科学技術・イノベーション会議」に変更されました。

この抜本的な変更の背景には、科学技術イノベーション政策の抱えるいくつかの問題があります。一つは、科学技術イノベーションとは独立の政策ではなく、他の政策と補完的であるため、府省間の連携が目標の達成に必須であるということです。基礎研究は文部科学省が管轄し、文科省が予算を配分する大学と一部の研究開発法人で実行されます。大学は基礎研究も行いますが、研究者の育成も行います。しかし、科学技術イノベーションが必要としている人材は基礎研究者だけでなく、応用研究を行う人も重要です。さらに、金融、小売り、マーケティング、デザインなど、サービス産業の人材も必要で、初等教育から専門教育まで、文部科学省の一見ＳＴＩＰと関係のなさそうな政策とも切り離せません。最近の電子コンテンツに至っては、文部科学省のなかの文化庁とも関係があります。一方、大学と企業のスムーズな連携に必要な学生インターンシップや産学連携の施策や中小企業政策には経済産業省も関与しています。大学や企業における人材の活用は労働市場の状況、市場の在り方を大きく左右する労働法とも関係をしていますが、労働政策は厚生労働省の仕事です。そして、厚生労働省は薬事法、医療報酬、医療保険など、医療サービス市場の需要と供給の両側面を規制していて、ライフイノベーションの新技術の普及は厚生労働省なしには議論できません。つまり、ＳＴＩＰはそれぞれの省庁の中で他の政策と関係があり、またそれぞれの省庁のＳＴＩＰは他の省庁のＳＴＩＰと関係があるのです。他にも例はたくさんあります。情報通信（information and communication technology, ＩＣＴ）イノベーション政策は総務省の通信事業政策と、代替エネルギーは環境省の環境政策や総務省の交通政策と連携しなければ、重複投資による無駄やシステムが整合的でないために基盤ネットワークが構築されないなどの恐れがあります。

また、省庁間の連携の他に、「オールジャパンの視点から見て全体最適を実現」（総合科学技術会議有識者「総合科学技術会議の今後の検討課題について」平成二六年二月一四日）という表現で、動学的な最適化の必要性が指摘されています。つまり、科学技術の積み重ねが必要な場合は、当初から全行程を見通して計画を立てる必要があるということです。たとえば、ライフイノベーションの実現のためには、まず、基礎研究（文部科学省）から臨床研究（厚生労働省）への移行や、健康長寿の実現は薬品（厚生労働省）によるか医療機器（経済産業省）によるかといった選択には省庁間の調整が必須です。また、同じ基礎研究関連予算でも、若手研究者の育成を重視するか、また、先端的でリスクの高いものを重視するか、革新的ではないが高い成功率の技術を重視するかの選択も動学的な問題です。医療支出といっても、既存の患者の治癒を重視するか、それとも予防を重視するか、また医療支出を据え置いて、将来の研究やイノベーションの担い手に投資をするかというのも動学的な選択です。しかも医療の人材育成は省庁が連携して調整しなければなりません。

省庁連携促進のために、平成二六年度から新しく「戦略的イノベーション創造プログラム」、通称ＳＩＰ（エス・アイ・ピー、Strategic Innovation Promotion Program）が始まりました。この事業の予算は「科学技術イノベーション創造推進費」として内閣府、つまり総合科学技術イノベーション会議が執行していて、「革新的燃料技術」、「エネルギーキャリア」、「次世代農林水産業創造技術」といった一〇件のプログラムに配分されました。それぞれのプログラムには民間や大学出身のプログラムディレクター（ＰＤ）がいて、ＰＤが作成した個々施策とそれらを実地していく工程表に従って各省が実行していきます。従来の省庁の提案する施策を総合科学技術会議が連携を促して行くのとは逆で、ＰＤの示す連携の枠組みに入らないと予算が配分されないトップダウンの構造になっています。平成二六年度予算から実行されていますが、すでに平成二五年二月に行われた公開シンポには定員四〇〇人以上の参加希望者があり、民間や官庁の関心が当初から非常に高く、各プログラムが成功して、この制度自体が評価されることが期待されます。

ＳＩＰのような体制がなぜ必要になったのかを考えてみましょう。従来の方法では、アクションプランなどの予算配分方針に従って、総合科学技術会議が各省庁のトップを通じて省庁の協力を要請しますが、具体的な施策（予算項目）の省庁間の連携は、担当者間の協力が必要です。総合科学技術会議の議長は内閣総理大臣ですので、数百億の大型予算ならば省庁のトップ同士の調整が可能ですが、科学技術予算の大部分をしめる数十億またはそれ以下の施策予算にトップが介入して連携をするのは不可能で、非効率でもあります。それに対して、まず重要課題を選んで、それに従って内閣府が予算を各省庁に配分するのは現実的で実行可能で、連携が実現できます。重要課題の選び方によっては、プログラム外の施策の連携といった波及効果もあるかもしれません。そうすれば、ＳＩＰ予算規模以上の、省庁間の予算が一体となった効率的な資源分配が実現できる可能性がでてきます。

## 5　フューチャー・デザインの役割

科学技術イノベーション政策は、省庁間の調整や将来のための資源分配から切り離すことができないことがわかっていただけたでしょうか。エネルギー政策も来年と五年先、一〇年先と一〇〇年先では、実現可能な技術や、投資を負担する人と、あたらしい科学技術の恩恵を受ける人が異なってきます。たとえば、ある人が今年は損をする資源分配も五年先なら得をするかもしれませんし、する気になります。個人では、「貯金」といった形でいつもこのような動学的資源分配を行っていますが、仮に、自分の貯金が他人に使われる恐れがあると、貯金をするよりも今自分の好きなように使ってしまおうということになるかもしれません（さらに、五年先にだれか（国家）が必要な資金をくれる可能性があると、さらに貯金する意欲がなくなってしまいます。それで誰も貯金をしなくなったのが、現在の年金制度です）。

科学技術イノベーションに対しても貯金をしない誘惑が常にはたらきます。一〇年先の革新的技術は、研究環境が整っていれば誰かが考えつくのは確実です。しかし、そのための投資（基礎研究投資、研究者育成）をせずに、既存の技術の応用、活用で切り抜けるのも選択肢のひとつです。しかも、少子高齢化では既存の科学技術が専門の研究者や技術者の数が多くなり、現状維持の考えが抬頭しやすくなります。これを打開して、将来の科学技術イノベーション創出のために投資するには、ＳＴＩＰの指令搭、つまり総合科学技術イノベーション会議の強化が必要です。同様に、技術だけでなく、将来の国や社会全体の在り方を考えて、政策目標となりうる明確な将来像を構築して、現在から将来への工程表をつくるためには司令塔となる将来省が必要になります。

まず、ＳＩＰのように、いくつか厳選された課題について予算を配分する機関をつくることから始めるのはどうでしょうか。課題は数十年先の将来像からバックキャスティングをしたものであるべきでしょう。数十年将来にどのようにコミットするかは今後の課題です。しかし、年金は国が六〇年間コミットしてきた制度であることを考えると、ある政策課題に政府がコミットするのも不可能ではないでしょう。

注

（1）本稿の基礎になった研究に対して文部科学省科学研究費補助金特別推進研究「世代間問題の経済分析：さらなる深化と飛躍」（研究課題番号：22000001）から研究費の助成を受けました。長年ご指導いただいた高山憲之教授に深く感謝しています。

（2）「直接有益な」と言ったのは、ほとんどの場合は、研究成果を社会全体が利用するのには時間がかかっても、同じ研究をやっている科学者のなかでは価値が当初から認識されているからです。

（3）最近は知的財産との関係で研究成果の公開が問題になりますが、教訓話です。実はブラーエは集積したデータを秘密にしていたので、誰も利用できませんでした。彼の死後ケプラーがデータを解析して発表したからこそ、ブラーエの貢献も後世に残ることになったのです。

（４）公募に対して、研究者が研究計画を提出し、専門家の選考委員会が受給者を決める。
（５）厳密には「独立行政法人」で、内閣府、文部科学省といった所属機関から配分される運営費交付金で事業を行っています。

# 第6章　水・大気環境問題の歴史から将来を考える

黒田真史・嶋寺　光

## 1　はじめに

現在の日本では「環境」という言葉は広く浸透している。「環境」は、辞書的にはある物事を取り巻く物事の全般を指し、自然環境、社会環境をはじめ、様々な面で用いられている。多くの大学には環境と名を冠する学部や学科が存在し、地球温暖化などの環境問題についても広く認識されている。本章では、様々な環境のうち、水と空気という自然に近い部分、すなわち水・大気環境に焦点を当てる。

あらゆる生物の生存基盤である水・大気環境の保全は人類の永遠の命題であると言える。かつて、人類が環境に及ぼす影響が今ほど大きくなかった時代は、環境はその自浄作用により比較的良好に保たれていた。しかし、一七世紀にイギリスで興った産業革命により、人類によるエネルギー消費と汚染の排出は急激に増大し、環境汚染が顕在化してきた。

日本においては、明治維新以降に進められた工業化により環境汚染が始まり、第二次世界大戦の復興期から高度経済成長期の頃には、「公害」と呼ばれる深刻な環境汚染が問題となった。その後、現在にまで至る徹底した取り組みにより国内では良好な環境を手に入れた一方で、温暖化問題など国際協調が必要な地球規模の環境問題への対応を迫られている。

本章では、水・大気環境を題材に、過去一〇〇年あまりの日本における環境問題の歴史を概観することで得られたヒントを基に、今後一〇〇年間の将来の環境の保護に対して、フューチャー・デザインという考え方がいかに貢献できるかを考察する。

## 2　地球の水・大気圏

まず、地球の水・大気圏について簡単に述べる。水圏について、地球上に存在する水のうち、海水等が全体の約九七・五％を占め、淡水は約二・五％である。淡水の大部分は、極域の氷や氷河として存在し、直接利用可能な地下水や河川、湖沼の水として存在するのは約〇・八％である。この約〇・八％の淡水の大部分は地下水である。大気中に水蒸気として存在するのは全体の〇・〇〇一％程度であるが、太陽エネルギーを原動力に、地表・海面からの蒸発散と降水現象によって陸水・海洋との間で活発に循環している。また、海洋は地球規模で循環しており、熱エネルギーも赤道域から極域に運ばれている。深度数百メートルまでの表層の風成循環と、中・深層の熱塩循環を合わせて、海洋大循環と呼ぶ。本章では水環境に関して主に水質の問題に焦点を当てるが、第9章では水資源量にも関する問題として地下水管理に焦点が当てられている。

大気圏については、一般的に温度の高度分布に基づいて鉛直方向にいくつかの層に区分される。地表（気圧約一〇〇〇ヘクトパスカル）から高度約八キロメートル（極域）から一六キロメートル（赤道域）（平均高度約一一キロメートル、気圧約二〇〇ヘクトパスカル）までの対流圏では、名前の通り大気が上下に混合されやすく、一キロメートル上昇するごとに約六・五度の割合で温度が低下する。その上の高度約五〇キロメートル（気圧約一ヘクトパスカル）までの成層圏では、多くの生物にとって有害な太陽からの紫外線をオゾン層が吸収するため、高度とともに温度が上昇する。高度約八〇キロメートル（気圧約〇・〇一ヘクトパスカル）までの中間圏では、再び高度とともに温度が低下し、さらに上に熱圏がある。また、乾燥大気の主要成分は窒素が約七八％、酸素が約二一％、アルゴンが約一％、二酸化炭素（$CO_2$）が約〇・〇四％である。大気においても太陽エネルギーを原動力に地球規模の大循環が生じており、熱エネルギーも赤道域から極域に運ばれている。

## 3　日本における環境問題の始まり

人類の歴史において、環境汚染は工業化・都市化の進展とともに進行してきた。このような環境汚染（公害）問題の日本における原点として、栃木県足尾銅山における鉱毒事件が有名である。足尾銅山では、一八八〇年代以降の銅の生産量の急伸に伴い、渡良瀬川下流域において銅山からの排水による健康被害・農業被害が顕在化した。また、木材確保のための伐採に加え、銅の精錬工程で生じる硫黄酸化物（$SO_X$）を含む排煙により、周囲の山の森林が衰退したことによって、頻繁に洪水が発生し、下流の農地の汚染が拡大した。当時は鉱山や金属精錬所が日本の基幹産業として中心的な役割を果たしており、一九〇〇年前後には、愛媛県別子銅山、秋田県小坂鉱山、茨城県日立鉱山などにおいても鉱毒・煙害が社会問題となり、各地で反公害運動が展開された。足尾銅山は一九七三年に閉山され、衰退した緑を取り戻すために植林活動が行われてきたが、煙害による土壌の酸性化や重金属汚染の影響により、現在も多くの荒廃地が残されている。

大都市においても、一九〇〇年から一九三〇年頃にかけて、工場の集中立地や火力発電所の運転によって局地的大気汚染が問題となった。その代表的な例として、「煙の都」とも呼ばれた大阪が挙げられる。当時は燃料として石炭を使用し、排煙処理もなされていなかったため、大阪の大気は急速に汚染されていった。そして大阪府では、一九三二年に日本では初めての「煤煙防止規則（大阪府例)」が制定された。このように汚染が深刻化した地域を中心に、公害対策意識の高まりは見られたが、第二次世界大戦に至る社会情勢においては、その影響は限定的なものとなった。

## 4 公害問題の深刻化

日本では、第二次世界大戦後の復興のために大量の鉄が必要となり、石炭を主要エネルギーとして鉄の増産が行われた。一九五〇年代半ばから一九六〇年代前半には、主要エネルギー源の石炭から石油への転換と工業製品の国産化が推進された。この戦後復興期から高度経済成長期において、工業化は豊かさや進歩を象徴するものであったが、それに伴う環境汚染によって一九六〇年代には各地で深刻な公害問題が顕在化していた。特に有名な公害問題として、いわゆる四大公害と呼ばれる、富山県の神通川周辺で発生したイタイイタイ病、熊本県の水俣湾周辺で発生した水俣病、新潟県阿賀野川下流域で発生した第二水俣病、三重県四日市市とその周辺で発生した四日市ぜんそくが挙げられる。

イタイイタイ病は、初期は体の各部が痛み、進行すると骨がもろくなり、咳払いなどのわずかな動作でも骨折するなどの症状を示すものである。一九一〇年代から住民に発症し始めたものと推定されているが、その存在が初めて社会的に知られたのは一九五五年だった。その後、原因の調査が進められ、神通川上流の岐阜県神岡鉱山での亜鉛の採掘の副産物に含まれるカドミウムが、適切な処理をされずに神通川に流されたためであることが一九六〇年代に明らかにされた。裁判を経て、一九七一年に被害者に対する三井金属鉱業の賠償責任が確定した。

また、水俣病および第二水俣病は、有機水銀中毒によって中枢神経疾患が発症し、重篤な場合には死に至る病気である。水俣湾周辺では、化学会社であるチッソの水俣工場が、アセトアルデヒド製造工程の排水を未処理で水俣湾に放流し始めた一九四〇～五〇年代から周辺住民の間で発症し始めたとされており、一九五五年に初めて医学的に報告された。一九五九年には、熊本大学医学部などによって有機水銀が原因物質であることが報告されたが、チッソ側は、アセトアルデヒド製造工程で使われている水銀は無機態であることからこの説に反論するなどしたため、問題解決の対策が遅れ、その間も被害が拡大することとなった。第二水俣病は、チッソ水俣工場と同様の方法でアセトアルデヒド製造を行っていた昭和電工鹿瀬工場が排出した排水により阿賀野川流域で引き起こされた公害問題であり、一九六五年に初めて患者が確認された。事前に熊本県で水俣病が顕在化し、原因がある程度明らかになっていたにも関わらず、その教訓が活かされなかったことが、第二水俣病の発生につながったものと言える。水俣病については、一九七三年には裁判でチッソ側の責任を認める判決が下されたが、患者認定を巡る訴訟は現在に至るまで続いている。

四日市ぜんそくは、日本で最初の石油化学コンビナートである四日市コンビナートの周辺住民が発症した閉塞性肺疾患であり、呼吸困難等によって多数の患者が死亡した。四日市ぜんそくをはじめとする産業公害型の大気汚染の主な原因は、工場・発電所といった大規模固定煙源から排出されるSOxである。高度経済成長期において、臨海地域における石油化学コンビナートで本格的な操業が開始されたことに加え、製鉄所や火力発電所の大型化が進み、エネルギー消費量は急増した。当時は排煙処理技術や石油燃料中からの脱硫技術が未熟であったため、SOxを含む排煙によって大気汚染は深刻化していった。四日市公害訴訟では、三重大学医学部によって示されたSOxによる大気汚染と呼吸器疾患との疫学的関連性、およびコンビナートを形成する被告六社（昭和四日市石油、三菱油化、三菱化成工業、三菱モンサント化成、中部電力、石原産業）の共同不法行為が認められ、一九七二年に原告被害者側勝訴の判決が出された。

これら代表的な公害は、非常によく似た特徴を持っていた。すなわち、いずれの問題においても環境に汚染物質を排出することによる影響に対する科学的知見を欠いており、汚染物質の排出に対する認識が十分でなかったこと、またそれを取り締まる法律が十分に整備されていない中で経済活動を再優先した結果として引き起こされたこと、さらに、汚染は周辺住民に対して、目に見える形で甚大な被害をもたらしたことである。フューチャー・デザインの考え方に立って見れば、当時は、七世代先の人々どころか同じ時代に生きる人々への配慮すらできていなかったがために、この悲惨な事態を招いたと言える。

## 5　公害対策の進展

深刻化する公害問題に対処するため、一九六七年に「公害対策基本法」が成立した。この法律では、「事業活動その他の人の活動に伴って発生する大気汚染、水質汚濁、土壌汚染、騒音、振動、地盤沈下、および悪臭によって人の健康や生活環境に被害を生じること」を公害としており、また「人の健康を保護し、及び生活環境を保全する上で維持されることが望ましい基準」として環境基準が制定されることとなった。さらに、反公害の世論の高まりを受け、一九七〇年の国会においては、公害対策基本法の改正をはじめ一四件の公害関連法案が可決成立した。この国会は、「公害国会」とも呼ばれる。一九七一年には各省庁に分散していた公害に関する行政の一元化を図るために環境庁が新設された。さらに、全国の都道府県に公害研究所が設置され、全国の市町村に公害課が設置されるようになり、ようやく日本全体として行政の体制が整った。

日本で最初の本格的な水質汚濁防止を目的とした法律として、一九五八年に「水質保全法」および「工場排水規制法」（旧水質二法）が制定されたが、これらの法律は被害の発生した水域を指定して規制を敷くものであったため、被害の未然防止を行うことができないという問題があった。これら旧水質二法に代わり公害国会において制定された「水質汚濁防止法」は、水域を限定せず、事業所からの排水中の汚染物質濃度を一律に規制するものであり、水環境の改善に大きく貢献した。

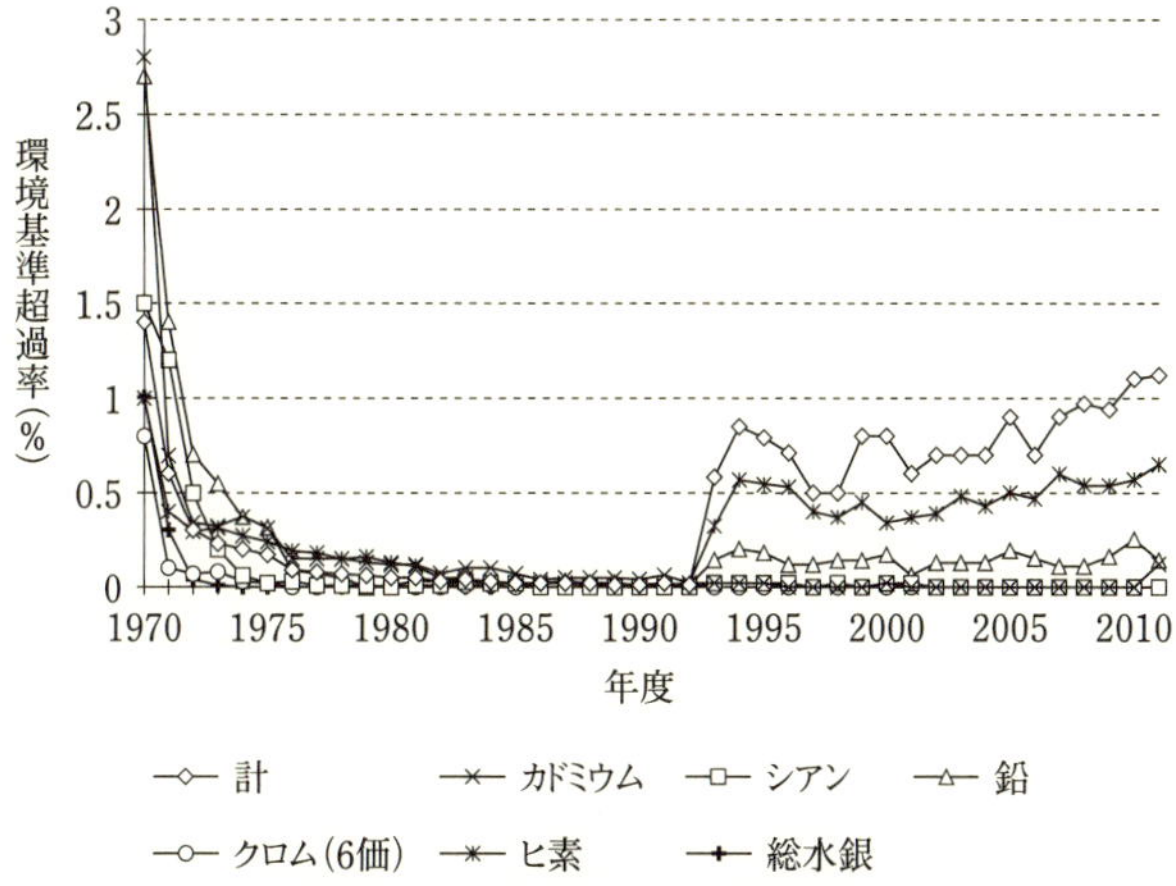


図6-1　水質汚濁に係る環境基準（健康項目）の超過率の推移（環境白書[3]，環境・循環型社会白書[4]，および環境・循環型社会・生物多様性白書[5]より作成）

図6-1に、環境基準（健康項目）の超過率[3][4][5]の推移を示す。水質汚濁防止法が制定された一九七〇年から一九八〇年にかけていずれの項目についても大幅に改善したことが見てとれる。一九九三年以降、ヒ素および鉛の超過率の上昇が見られるが、これは環境基本法の成立に伴い環境基準の見直しが行われたためであり、水質の悪化によるものではない。つまり、一九六〇年代までに深刻な被害をもたらした重金属類による水環境汚染問題は、適切な規制により収束したものと言える。

一方、日本で最初の大気汚染防止に関する法律として、一九六二年に「ばい煙規制法」が制定された。この法律には、排出規制に指定地域制を採用しておりその指定要件が厳しい、排出規制が緩い、対象物質が少ない、自動車排ガスを対象としていない等の問題があり、石油燃焼

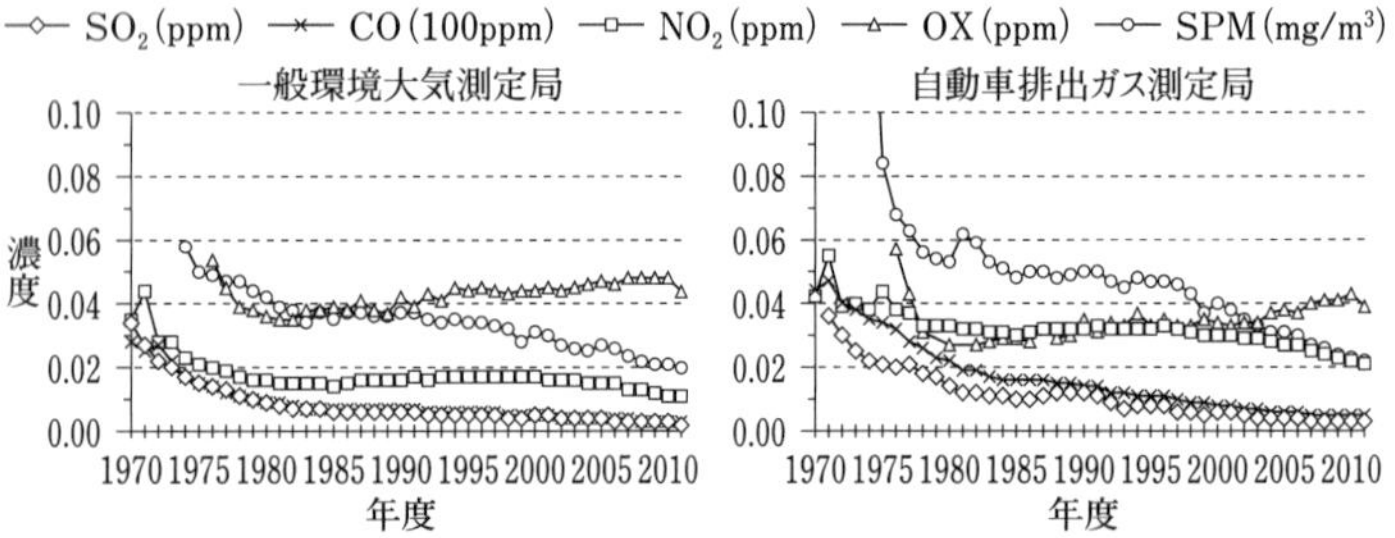


図 6-2　大気汚染常時監視測定局における平均濃度
（$O_X$ については日最大１時間値の平均）の推移
（環境・循環型社会・生物多様性白書(5)より作成）

の急激な増加に伴う$SO_X$の排出増加による大気汚染の深刻化には対応しきれていなかった。しかし、一九六八年に「大気汚染防止法」がばい煙規制法に代わって制定され、公害国会において大幅に改正された。その中で、経済との調和条項の削除、指定地域制の廃止、規制対象物質の追加、地方公共団体による上乗せ規制を設定可能とする等の強化が行われ、一九七三年には二酸化硫黄（$SO_2$）、一酸化炭素（ＣＯ）、二酸化窒素（$NO_2$）、浮遊粒子状物質（ＳＰＭ）および光化学オキシダント（$O_X$）の環境基準が告示された。また、この改正において大気常時監視が義務付けられ、現在に至るまで全国的な大気観測網によって大気環境が把握されている。

図６-２に、上記の大気汚染物質の大気汚染常時監視測定局における平均濃度の推移(5)を示す。四日市ぜんそくをはじめとする産業公害型の大気汚染の主な原因となった$SO_X$の主成分である$SO_2$の濃度は、一九七〇年代に急速に減少していることがわかる。大規模固定煙源からの$SO_X$排出規制として、施設ごとの規制にはＫ値規制(6)が導入され、一九七六年まで改訂強化されて

いった。一九七四年には、施設ごとの排出規制のみでは環境基準達成が困難な、工場・事業場が集中する地域全体の排出総量を削減するために、総量規制が導入された。$SO_X$は硫黄を含む化石燃料が燃焼することで発生するため、石油精製過程で脱硫を行うことで硫黄分を含まない燃料が作られるようになった。加えて、燃焼後の排煙中の硫黄酸化物を除去するための排煙脱硫装置による排出削減が行われた。これらの取組みにより、産業公害型の局地的な大気汚染は大きく改善されていった。

## 6　都市・生活型の環境問題

公害対策基本法に基づく、水質汚濁防止法や大気汚染防止法により、産業公害型汚染の対策は着実に進展した。一方で、都市活動や市民生活に伴う環境負荷が主な原因となる問題として、水環境においては有機性汚濁物質、窒素およびリン、大気環境においては窒素酸化物（$NO_X$）、SPMおよび$O_X$等による環境汚染も顕在化してきた。このような都市・生活型の環境汚染においては、産業公害型汚染に比べて、その原因物質の発生源が広く分布しており、対策も進みにくい。

図6-3に、水質汚濁に係る環境基準の一つである、生活環境の保全に関する環境基準の達成率[3][4][5]の推移を示す。生物化学的酸素要求量（BOD）および化学的酸素要求量（COD）は有機性汚濁の指標値である。河川のBODについては徐々に改善し、近年では九〇%以上の地点で環境基準

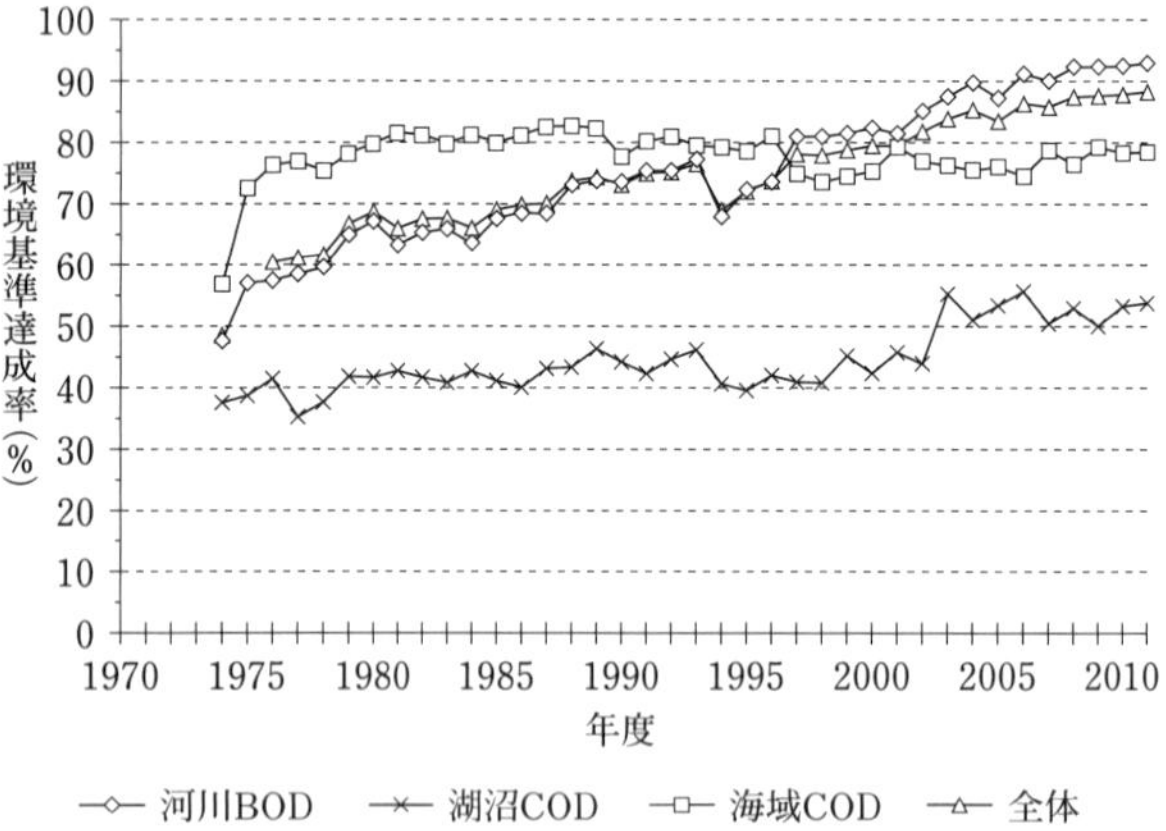


図 6-3　水質汚濁に係る環境基準（生活項目）の達成率の推移（環境白書(3)，環境・循環型社会白書(4)，および環境・循環型社会・生物多様性白書(5)より作成）

を達成している一方、湖沼ＣＯＤや海域ＣＯＤについては、調査の始まった一九七五年以降、それほど大きく改善していない。湖沼や内海、湾などは、閉鎖性水域と呼ばれる周囲からの水の出入りが少ない水域であるため、いったん汚染された水は長くとどまり、水質の回復に長い時間を要する。

この有機性汚濁の大きな要因の一つは、富栄養化によって生じる、赤潮やアオコに代表される植物プランクトンの異常繁殖である。植物プランクトンは、臭気物質を生産することで河川水や湖沼水を水源とする上水の質を著しく低下させたり、植物プランクトンの死骸が腐敗することにより水中の溶存酸素濃度を低下させ、漁業被害や水生生物生態系の破壊を引き起こしたりする。藻類の異常繁殖の原因は当初よくわかっていなかったが、一九八〇年にかけて、窒素やリンが原因物質であることが徐々に明らかになった。一般に、植物プランクトンの生育に必要な様々な物質のうち、清浄な水環境中では窒素とリンが生育に必要な量に対して特に不足している。このとき、窒素やリンが人間活動によって水環境に流入することで、植物プランクトンが必要とする栄養のバランスが整って生育条件が満たされ、大量発生するというのが富栄養化のメカニズムである。

水域における窒素やリンは主に、下水処理場、食品製造業、畜産業、農業などの人為的排出源、あるいは土壌からの流出などの自然排出源に由来している。工業地帯や大都市が周辺に位置し、富栄養化被害が特に深刻だった瀬戸内海については、一九七三年に「瀬戸内海環境保全臨時措置法」が、「近畿の水がめ」と呼ばれ、重要な上水取水源である琵琶湖については、一九七九年に「滋賀県琵琶湖の富栄養化の防止に関する条例」が施行され、またその他の湖沼についても一九八二年に設定された全窒素・全リンの水質環境基準や、一九八四年の「湖沼水質保全特別措置法」などによって、管理・対策が進められてきた。

生活排水処理のために一九一〇年頃に日本に導入され、その後現在に至るまで広く普及し用いられている標準活性汚泥法は、有機排水に含まれるＢＯＤの除去には優れた効果を発揮するが、同様に多く含まれる窒素やリンについてはほとんど除去することができない。日本と時期を同じくして他国でも同様の問題が生じていたため、排水に含まれる窒素・リンを除去する生物学的処理法の開発が世界的に盛んに進められ、現在では、下水処理場では循環式硝化脱窒法やステップ流入式多段嫌気好気法、嫌気—無酸素—好気法などの窒素除去プロセス・リン除去プロセスが採用され、窒

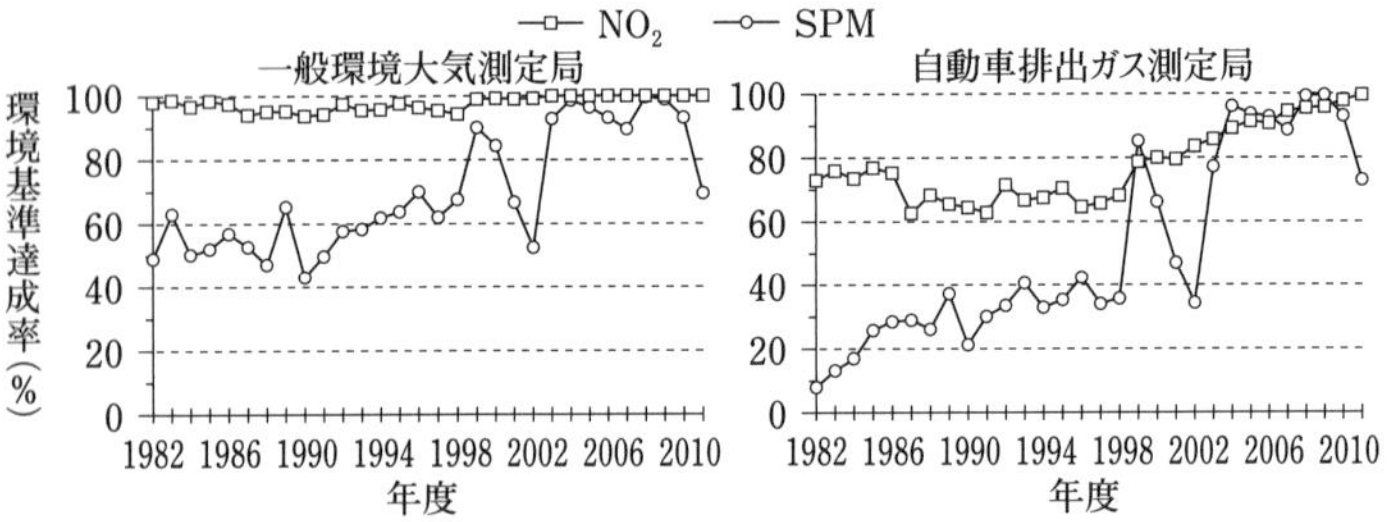


図6-4　$NO_2$ およびSPMの大気環境基準の達成率の推移（環境白書[3]，環境・循環型社会白書[4]，および環境・循環型社会・生物多様性白書[5]より作成）

素・リンの除去に成果を挙げている。

図6‐4に、$NO_2$およびSPMの大気環境基準の達成率の推移[3][4][5]を示す。これらの大気汚染物質の環境基準達成率は、一九八〇年代に比べて、近年は大幅に向上していることがわかる。一方、$O_X$については、環境基準告示以来、達成率〇%に近い状態が続いている。なお、$SO_2$については火山の影響を除けば近年の環境基準達成率はほぼ一〇〇%であり、COについては一九八三年度以降の達成率は一〇〇%である。

大気中において$NO_X$は、化石燃料中に含まれる窒素分の酸化によって発生するだけでなく、高温条件化での空気中の窒素の酸化によっても発生する。その主要な発生源として、工場・発電所等の固定煙源に加えて自動車・船舶等の移動排出源が挙げられる。固定煙源に対する排出削減対策としては、低$NO_X$型燃焼技術や排煙脱硝装置がある。自動車排ガスについても触媒技術等による対策が実施されていったが、自動車の急増によりその効果が相殺され、一九八〇年代には濃度はほぼ横ばいであった。そこで、一九九二年には「自動車$NO_X$法」、二〇〇一年にはその改正法である「自動車$NO_X$・PM法」が制定され、自動車排ガス規制がさらに強化された。ガソリン自動車一台あたりの一九七三年比の$NO_X$排出量は、一九七八年規制では一〇分の一、二〇〇五年規制では一〇〇分の一に抑えられている。また日本における自動車からの$NO_X$排出量は、二〇〇〇年から二〇一〇年で四割程度削減されたと推計されている(8)。近年の$NO_X$濃度は減少傾向であり、対策効果が表れている。

SPMは、大気中の固体および液体の粒子状物質（PM）のうち粒径一〇マイクロメートル以下のものであり、呼吸器系疾患の原因となる。SPMには、大気中に粒子として直接排出される一次粒子と気体として排出された前駆物質が大気中での複雑な反応を経て粒子へと変化する二次生成粒子がある。またSPMには、二〇一三年一月以降の中国における深刻な大気汚染によって広く知られるようになった約二・五マイクロメートル以下の微小粒子状物質（$PM_{2.5}$）も含まれる(8)。人為起源の一次粒子や二次生成粒子は$PM_{2.5}$に含まれる割合が高く、海塩粒子や黄砂などの自然起源の一次粒子は$PM_{2.5}$よりも大きい粒子の割合が高い。SPMの固定煙源からの排出は集塵装置やバグフィルタを用いた排煙処理によって減少し、それによって一九七〇年代には濃度が減少した。$NO_X$同様に、それ以降は自動車の寄与の増加によって濃度はほぼ横ばいであったが、自動車排ガス規制等の効果により、近年のSPM濃度は減少傾向である。

$O_X$は、$NO_X$と揮発性有機化合物（VOC）が太陽光によって光化学反応を起こして生成される、オゾン（$O_3$）などの酸化性の二次生成大気汚染物質の総称であり、光化学スモッグの原因となる。

ＶＯＣには様々な物質が含まれ、ＰＭ2.5の前駆物質でもある。ＶＯＣの主要人為発生源は化石燃料の燃焼や塗料・燃料・印刷用インク等の蒸発であり、また自然起源として森林をはじめとする植生からも大量に発生する。$O_3$は、成層圏では生物に有害な紫外線を遮断する重要な物質であるが、対流圏では人体への健康被害等の悪影響をもたらす。一九七〇年代には光化学スモッグが頻発し、催涙性の刺激や呼吸器障害といった健康被害も数多く報告されたが、以降は健康被害の報告は減少した。ただし近年は$O_X$の平均濃度は上昇傾向にある。前駆物質であるＮ$O_X$とＶＯＣの日本国内の排出量は減少傾向であり、$O_X$濃度上昇の原因として、アジア大陸からの長距離輸送の寄与の増加や気温上昇による光化学反応の促進などが考えられる。$O_X$については、環境基準の妥当性の議論を含め、今後も取組みが必要である。

## ７　産業公害型と都市・生活型の環境問題の違い

産業公害型と都市・生活型の環境問題ではいくつか異なる点がある。

第一に、汚染者―被害者の関係が異なっている。公害問題においては明確に特定の企業・産業が汚染者・加害者であり、市民が被害者であった。環境問題の重要な考え方の一つとして汚染者負担の原則、つまり環境を汚染したものが原状復旧のための費用を負担すべきである、というものがあるが、公害問題における汚染者―被害者の関係は明白であったため、企業・産業は最大限の努力をして汚染を防ぐ必要があった。一方で、都市・生活型汚染問題では、市民は被害者であると同時に主要な汚染者でもある。したがって、自動車の排ガス規制対応に係る追加コストや下水処理場の運転コストなどの都市・生活型汚染対策の費用は、自動車購入代金や税金などを通じて市民によって賄われている。

第二に、公害問題における汚染原因物質であった$SO_X$や水銀、カドミウムは、明らかな毒性物質であり、汚染の直接の原因であった。一方、都市・生活型汚染の原因は必ずしも毒性物質だけではなく、窒素やリンといったそれ自体は毒性が高いとは言えないものでありながら、これらが環境中の複雑な化学・生物反応を通じて二次的な汚染を引き起こすという点が異なる。このような問題に取り組むためには、自然の複雑なメカニズムを理解し、たとえ毒性のない物質であっても、それが環境に放出された際にどのような二次的、三次的影響があるのかを十分に検討しなければならない。

第三に、汚染源と汚染範囲の広がりである。公害問題の多くは、汚染源は特定の企業・産業に限られ、汚染範囲もその周辺に限定されていた。一方で、都市・生活型汚染問題では、幅広い人間活動が汚染源であるため、汚染範囲も拡大した。したがって、対策をとらなければならない排出源や汚染地域は数多く、費用対効果が低いことが問題として挙げられる。

## 8　地球規模の環境問題へ

ここまで日本における水・大気環境問題についてのみ述べてきたが、二〇世紀後半には、人間活動の増大による地球規模の影響が関心を集めるようになっていた。一九六〇年代から酸性雨被害が顕在化していたスウェーデンが地球規模の環境問題に対する国際協力の必要性を訴え、第3章でも述べられたように、一九七二年に「国連人間環境会議」が開催された。一九八八年には、世界気象機関と国連環境計画によって、人為起源による気候変化とその影響・対策に関して包括的な評価を行うための「気候変動に関する政府間パネル（ＩＰＣＣ）」が設立された。一九九二年には、環境と開発に関する国際連合会議、いわゆる「地球サミット」が開催された。地球サミットでは、「予防原則」を含めた環境と開発に関する国際的な原則を確立するための「環境と開発に関するリオ宣言」とその実践のための行動計画「アジェンダ21」、および「森林原則声明」が合意され、また「気候変動枠組条約」と「生物多様性条約」への署名が開始された。以降、地球規模の環境問題に対処するために世界各国の本格的な協力が進められてきた。

地球サミットの成果を受け、日本では一九九三年に「環境基本法」が、公害対策基本法に代わって制定された。この法律の目的は、「環境の保全について、基本理念を定め、並びに国、地方公共団体、事業者及び国民の責務を明らかにするとともに、環境の保全に関する施策の基本となる事項を定めることにより、環境の保全に関する施策を総合的かつ計画的に推進し、もって現在及び将来の国民の健康で文化的な生活の確保に寄与するとともに人類の福祉に貢献すること」とされている。環境基本法では、公害対策と自然環境対策が、複雑化・広域化する環境問題に対応するために、「環境の保全」として一体的に扱われる。また、第1章でも触れられたが、「将来の国民」と明記されているように、将来世代についても考慮されている。二〇〇一年には、環境庁が環境省に格上げされ、従来の任務に加え、地球環境保全のための施策が推進されることとなった。

水環境に関して、日本では、一九九〇年代後半には人への直接的な被害をもたらす水環境汚染の防止を達成し、課題はリスクのさらなる低減や地球環境・生態系の保護へと移行していった。その一つとして挙げられるのが、二〇〇三年の水生生物の保全に係る水質環境基準の設定である。これは、生態系は人の生活環境の重要な構成要素の一つであるという考えのもと、水生生物を保護するための水質の基準を決めたもので、人を取り巻く「環境」の範囲を、従来の直接の人への影響をもたらすものから、間接的に影響し得るものを含むものへと拡大したという点で新たな視点を持つものである。また近年では、汚濁除去技術としては確立されたものである下水処理システムについて、地球温暖化問題への対応の観点から、運転に要するエネルギー消費を低減させようという取り組みが活発化している。下水処理システムでは多くのエネルギーが消費されていることから、汚濁の除去と引き換えに$CO_2$を環境中に放出しているとも言える。これを低減するために下水処理に用いられる装置を省エネルギー的なものに更新することや、処理に伴って発生する下水汚泥をメタンガスや燃料に変換し、エネルギーを回収する技術の開発が進められている。さらに突き詰めて考えれば、処理水質の向上と温室効果気体の発生量はトレードオフの関係にあることが指摘されており[9]、水質保全と地球温暖化の抑制の両立を考えなければならない時代に来ているものと言える。

大気環境に関しても、日本における汚染状況は明確に改善されており、一九九〇年代以降はさらなる健康リスク低減のために、低濃度であっても長期曝露による健康影響が懸念されるベンゼン等の有害化学物質にも関心が集まった。また工業的に製造される有害化学物質とは異なり、非意図的に生成されるダイオキシン類による汚染も問題視され、廃棄物焼却処理の改善等の対策が実施された。ベンゼン等の有害化学物質やダイオキシン類の大気環境基準は現在ではほぼ一〇〇%達成されている。$PM_{2.5}$については、二〇〇九年に新たに環境基準が告示されたが、都市部や西日本の広域で未達成の状況である。$PM_{2.5}$の原因物質の発生源は多岐にわたり、関連する大気中の反応も非常に複雑である。また、特に西日本は、アジア大陸からの長距離輸送の影響を強く受けていると考えられる。$O_X$や$PM_{2.5}$のように大気中で長距離輸送されやすい汚染物質に対しては、国際的な取組みが求められる。他にも大気環境に関連する未解決の問題として都市ヒートアイランドやスギ・ヒノキ花粉飛散などがある。これらの問題に対しても長期的な取組みが必要であり、第7章で述べられているまちづくりや第8章で述べられている森林管理の問題とともに考えていく必要がある。

大気環境との関連が強い地球規模の環境問題としては酸性雨[10]、オゾン層破壊、地球温暖化等がある。酸性雨は、すでに述べた大気汚染と同様に、主に化石燃料の燃焼によって排出される$SO_X$やN

$O_X$が原因であるが、工業地帯の広域化や施設の大規模化に伴う高煙突化等によって、汚染範囲は国境を越えて広がり、森林枯損などの被害が深刻化した。オゾン層破壊は、化学的に安定なハロカーボン類が、大気中に排出された後も分解されずに長期間をかけて成層圏にまで達し、強い紫外線を受けて$O_3$分解効率が高い塩素原子を放出することで生じ、大気大循環の関係から特に極域において成層圏$O_3$が一九八〇年代から一九九〇年代前半にかけて大きく減少した。地球温暖化は、現在では一般にも広く知られているように、$CO_2$をはじめとする人為起源の温室効果気体が主な原因であると考えられており、地球規模での気候変動が懸念されている。酸性雨やオゾン層破壊については、国際的な枠組みによる規制が成果を挙げてきたが、地球温暖化については、第3章でも述べられたように、国際的な取組みが十分に機能しているとは言いがたい。

地球規模の環境問題に対しては、先進国、開発途上国に関わらず、国際的な協力が不可欠となる。先進国では、経済発展を優先する中で生じてきた深刻な地域汚染が改善されるにつれて、地球規模の環境問題へと関心が移行してきた。第9章でも述べられているように、先進国は、経験してきた問題についての知見をまとめ、他の国々と共有することが重要である。しかし、開発途上国では過去の先進国が経験してきた深刻な汚染問題が顕在化してきており、同様の前例がある問題についても予防には至っていない多くの事例がある。

## 9　地球温暖化問題について

地球温暖化は、主に人為起源の温室効果気体の増加によって、地球上の熱収支が変化することで生じると考えられている。ＩＰＣＣ第一作業部会の第五次報告書[11]によると「気候システムの温暖化には疑う余地がなく、また一九五〇年代以降、観測された変化の多くは数十年から数千年間にわたり前例のないものである」とされ、「一九五一年から二〇一〇年の世界平均地上気温の観測された上昇の半分以上[12]は、温室効果ガス濃度の人為的増加とその他の人為起源強制力の組合せによって引き起こされた可能性が極めて高い」とされる。現在では環境問題の代名詞とも言える地球温暖化問題について、大気環境の立場から述べる[13]。

代表的な温室効果気体である$CO_2$の主な人為排出源は、多くの大気汚染の原因と同様に化石燃料の燃焼である。しかし、$CO_2$は大気中濃度レベルでは人体には無害であるため、気候への影響が認識されるまでは問題とは考えられていなかった。他にも排出量削減対象とされている人為起源の温室効果気体には、メタン、一酸化二窒素、ハロカーボン類、六フッ化硫黄がある[14]。また、大気汚染物質である対流圏$O_3$にも温室効果があり、ＰＭは太陽光の散乱・吸収や雲の生成によって気候にも影響している。気候変動の要因は、これらの人為起源物質の大気中濃度変化だけではない。たとえば、太陽活動の変化、火山活動、エルニーニョ現象などの大気海洋で自然に発生する変動、土地利用形態の変化などがある。このような様々な要因があり、それぞれに対して気候が複雑に応答する中で、人為起源の温室効果気体の影響を定量的に評価することは容易ではなく、地球温暖化予測は大きな不確実性を伴う。不確実性が大きい問題について考える際には、特定の限られた情報だけでなく、多様な情報を吟味した上で判断する必要がある。

地球温暖化予測を行うためには気候モデルと呼ばれるコンピュータシミュレーションモデルが用いられる。第4章でバックキャスティングについて述べられたが、気象予報とともに地球温暖化予測はフォアキャスティングの代表例である。気候モデルは物理法則に基づいているが、物理法則のみで表現できない部分に半経験則[15]を用い、主にその違いによって気候モデルごとの特徴が表れる[16][17]。現在は多くの気候モデルが開発されており、それぞれ最新の知見を反映して更新が続けられている。また、複数の社会シナリオを想定し、それらに応じて計算条件が用意される。多数のモデルやシナリオを組み合わせることで多数の地球温暖化予測が得られ、それらを比べることによって、地球温暖化予測における不確実性の幅を定量化でき、不確実性の原因に対する理解が進む。

地球温暖化については、酸性雨やオゾン層破壊に比べて、取組みが十分には機能していないと述べたが、これらの問題には決定的な違いがある。酸性雨の原因は化石燃料の燃焼によって排出されるSO$_X$やNO$_X$であるが、化石燃料中の硫黄分や窒素分はエネルギーを得るためには不要な不純物であり、得られたエネルギーの一部を投入することによって効果的な排出削減が実施されてきた。一方で、CO$_2$は化石燃料からエネルギーを得る際には必ず発生するものであり、化石燃料を使用する限り避けようのない問題である。オゾン層破壊の原因のハロカーボン類は、よりオゾン層破壊効果の小さいハロカーボン類への転換が進んでいる。一方で、これまで様々な再生可能エネルギー技術の開発が進められてきたが、化石燃料を代替するには程遠い状況にある。したがって、地球温暖化は、現在の環境問題の中でも、特に今後の長期的な取組みが必要であり、解決のために新たな枠組みが求められる問題であると言える。

## 10　日本の環境問題の歴史から考えるフューチャー・デザインの必要性

これまでに述べた産業公害型、都市・生活型、地球規模の環境問題について、必ずしも全てが当てはまるわけではないが、おおよその特徴を表6-1に整理した。日本における環境問題の始まりである産業公害型問題は、汚染の空間スケールは大きくなかったものの、汚染レベルは極めて深刻であり、明確に見える形で多くの被害者を出してしまった。この時、汚染の始まりから数年で被害が発生したこと、また、対策の整備が効果を発揮してからは速やかに汚染が解消されたことからも、時間スケールは比較的短期であったと言える。また、都市・生活型環境問題は、汚染の発生源についても、汚染された地域についても、公害型の問題と比較して空間スケールが広く、規模の大きな問題であった。しかし、農業・漁業活動への影響や健康影響も問題となったが、多数の死者を伴った産業公害型問題との比較においては、汚染のレベルは高くなかったと言える。また、閉鎖性水域

**表 6-1　産業公害型，都市・生活型，地球規模の環境問題の特徴の比較**

| | 産業公害型 | 都市・生活型 | 地球規模 |
|---|---|---|---|
| 主な汚染者 | 工鉱業 | 都市活動・生活 | あらゆる人間活動 |
| 主な被害者 | 市民，農業・漁業 | 市民，農業・漁業 | あらゆる事物 |
| 汚染レベル[a] | 極めて高 | 中 | 低 |
| 空間スケール | 小（局所的） | 中（国内の地域） | 大（複数国〜全球） |
| 時間スケール[b] | 短期 | 中期 | 長期・超長期 |
| メカニズムの理解 | 科学的に解明 | 複雑だがほぼ解明 | 非常に複雑 |

a　ここでは一定の空間あたりの汚染の強度を指す
b　ここでは汚染原因の発生から明確な被害の発生までの時間を指す

の富栄養化問題など，解決に数十年単位の期間を要し，三世代を数える期間にまたがる取り組みを必要としたことは，都市・生活型環境問題の特徴であると言える。

一方で，今日の世界が直面している地球規模の環境問題は，上記の問題と比較してはるかに規模が大きい。空間スケールは地球全体に達し，地球上のあらゆる活動が汚染源であり，あらゆる生物が影響を受ける。一方，その影響はすぐに目に見えるようなものではない点が，従来の環境問題と大きく異なる。時間スケールについても，これまでの環境問題と比較して非常に規模が大きい。特に，地球温暖化問題については国連気候変動枠組み条約が発効されてから二〇年あまり経った現在でも解決の糸口は見つかっておらず，人類は化石燃料に頼る生活から脱却できていない。地球温暖化は，人類が存続する限り対策が必要な問題であり，我々は数世代をまたぐ超長期の時間スケールで問題を捉え，解決に向けて取り組んでいかなければならない。

第１章にあるように，フューチャー・デザインのアイデアの一つは，現世代の中に将来世代を創るということである。本章で取り上げた環境問題の歴史を踏まえ、現世代の中に将来世代を創ることによるフューチャー・デザインを二つ提案できる。これまでに様々な環境問題を経験してきた我々は、その経験を活用し、現代・将来の世代のために貢献していかなければならない。

一つは、開発途上国における環境問題への対処・予防である。今まさに高度経済成長を遂げている国々は、日本で生じた産業公害型、都市・生活型の環境問題と同種の深刻な環境問題に直面している。たとえば、中国では、重金属や農薬等による非常に深刻な水環境汚染が各地で起きていると言われる。また、大気汚染も常態化しており、都市部では澄んだ青空を見ることがほとんどできない状況が続いている。この状況は、日本が高度成長期に経験した公害問題と非常に似通っており、さらに我々はすでにそれらを克服している。つまり、途上国に暮らす現代の人々に対して、（おこがましい表現かもしれないが）我々は将来世代の役割を果たすことができるかもしれない。すなわち、将来世代を創るという考え方は、ある地域における現世代と仮想的な将来世代だけではなく、複数の地域をまたいで適用され得るものであると言える。当然、他国の問題に政治的に介入することはできないが、知識や技術の提供を積極的に行うことは可能である。そのためには、我々は歴史をよく学び、経験を体系的に捉え直し、そこから導き出される教訓を海外にも発信していかなければならない。また、我々が環境問題の解決に用いてきた具体的な対策方法を、現在問題が生じている地域に提供することも重要な点であるが、これについては注意が必要である。すなわち、日本の環境史において、産業公害型問題や都市・生活型の問題はいずれも、問題が顕在化してから対処されてきた。つまり、日本の過去の経験によって示されるシナリオは、経済発展を最優先し、富を得る中で生じてきた深刻な汚染問題に対して、経済的な余力によって対処するというものであり、まず貧困からの脱却が求められる開発途上国において、経済発展と両立して環境問題に対する予防的取組みを実施するためには、新たなシナリオが求められる。実際に予防的取組みが可能であるか検討する方法としては、日本において過去に異なる政策がとられた場合に現在どうなっていたのかを分析するという手法が考えられる。たとえば、我々の歴史において環境問題が顕在化したことによって発生した被害に関する社会的コストと、もし予防的取り組みを実施した場合にかかったであろう社会的コストを比較計算し、予防した場合の方が明らかにコスト的に有利だったという結果が出れば、現在の発展途上国も予防的な取り組みを活発化させるかもしれない。たとえ、予防的取り組みをしない方が社会的コストは低いという結果が出たとしても、一部の産業が得をし、一般市民が被害に関するコストを支払うという構図が定量化されれば、それは社会的に認められるものではなく、問題の改善を検討するきっかけになるだろう。我々は、発展途上国の人々に対する仮想的な将来世代として、過去の経験という貴重で有益な情報を持っており、これを活かし、同じ時代に生きる人々に貢献することは我々の使命であると言える。

もう一つは、地球温暖化問題に対するフューチャー・デザインの貢献である。地球温暖化問題は一朝一夕で解決する問題ではなく、数十年から百年以上先の地球を見据えて今から対策を行わなければならない超長期の問題であるので、フューチャー・デザインの発想が必要である。さらに、C

$O_2$などの温室効果気体は地球上のありとあらゆる人間活動から発生しており、また、その被害は国家の境界を超えてもたらされるため、対処には国家間の協調が必須であるが、残念ながら必ずしもうまくいっていないことは第3章にも述べられた通りである。現在は温室効果気体削減のために、再生可能エネルギーやバイオ燃料の普及促進、高効率機器の導入や機器のスマート化による省エネなどの技術的な対策が行われているが、大量消費型の現在の生活スタイルを維持しつつ、ハイテクノロジーの導入により地球温暖化を緩和することは不可能であると考えられる。したがって、ライフスタイルの変更により$CO_2$の主な発生源である化石燃料の利用を減らすことが求められているが、これは、生活の全ての面で化石燃料に強く依存している現代社会において、大きな負荷となるものである。現在の社会の最も大きな単位は国家であるので、国の単位で意思決定をし、国内で協調して化石燃料の消費抑制を進めることになる。地球温暖化問題は、各国が協調して取り組まなければ乗り越えられない問題であるが、一方で、協力しない一部の国も地球温暖化緩和の利益を均等に享受できるため、自国の利益の最大化を目的とする国家という単位の下では、「温室効果気体の削減は他国に任せ、自国はエネルギーを消費して活発な経済活動をする」ことが最適解であり、その利益最大化という圧力を合理的に乗り越えることは困難を極める。つまり、地球温暖化問題を扱うためには国という社会の単位は小さすぎると言える。また、温暖化によってもたらされる被害として、洪水や干ばつなどの自然災害の多発、高温化によるマラリア等の疾病の蔓延、生態系の変化、海面上昇による利用可能な陸地の減少などが予測されているが、これらは今日・明日すぐに生じるというものではなく、五〇年・一〇〇年をかけて生じる可能性があるとされるものである。したがって、第1章で述べられたヒトの性質を踏まえて考えると、ヒトは短期的には大差のない気候の変化を実感することはできず（相対性）、イメージのできない将来に生じる問題よりも短期的な利益を優先しがちである（近視性）。また、複雑なメカニズムを持つ温暖化の影響予測には小さくない不確実性を伴うが、このような問題に対して「なんとかなるだろう」と考える傾向がある（楽観バイアス）。したがって、全ての人が温暖化問題を深刻に捉え、協調して対策を進めることは困難を極める。すなわち、温暖化問題は、人為的汚染によって生じたという面においては日本で生じてきた公害問題や都市・生活型の汚染問題と同種の問題のようであるが、問題の構図は全く異なっており、これまでに適用されてきたトップダウン型の規制のみでは、温暖化問題には対処しきれない。とりわけ「環境問題」というと日本では特に四大公害の苦い記憶から公害型汚染のイメージが強いが、温暖化問題を考えるためには発想を転換し、規制制度を補完する新たな方策を見出さなければならない。

我々が提案するフューチャー・デザインという考え方は、まさにこのような問題について力を発揮するものである。つまり、現代社会が超えられない民主制国家の壁や、ヒトの特性である相対性・近視性・楽観バイアスを、将来世代を具体的に想定することで乗り超え、国家利益の最大化ではなく将来世代を含む人類の利益の最大化を目指すのである。たとえば、二一〇〇年現在の子孫（ひ孫や玄孫の世代）が、現在のペースで温暖化が進んだ世界に住むところをイメージしてほしい。八月における平均気温は現在と比較して約四度上昇し、真夏日は年間約七〇日増加するとされ(18)、熱中症や熱帯性の伝染病のリスクが高まる。海面上昇により現在の沿岸部の砂浜や干潟は海中に沈み、また、冬には降雪が減るためにスキー等のレジャーができる地域も少なくなる。豪雨による洪水が多発し、一方で、九州南部で渇水が多発する[19]。そのような世界を自分のひ孫や玄孫に残してもよいと考えられるだろうか。たとえ現在は温暖化を実感できなくとも、短期的には多少の損失があろうとも、楽観視せず将来の世代のために備えるのが、現代世代の努めだと考える人が大半ではないだろうか。多くの人々がこのような考え方に基づいて行動することができれば、民主制に基づく国家の意思決定にも影響を及ぼし得るだろうし、ヒトの三つの特性を乗り越えた温室効果気体の自発的な削減も可能かもしれない。（現代の）人が（将来の）人を思いやることの積み重ねが、人類の利益を最大化するのである。

## 11　おわりに

本章では、日本における水・大気環境問題の歴史を振り返り、我々が提案するフューチャー・デザインが、現代の、そして将来の環境問題にどのように貢献できるのかを考えた。フューチャー・デザインは、個々人が主体的に将来を構想することを基礎とするボトムアップ型アプローチであり、国家の垣根を超えた取り組みを可能とする、我々が「地球市民」として備えておくべき考え方であると言える。

# 注

（1）対流圏の中でも地表面摩擦の影響を受ける高度約一～二キロメートルまでは大気境界層と呼ばれる。大気境界層の状態は大気汚染に強く影響する。

（2）湿潤大気では水蒸気が約〇～三％含まれる。

（3）環境庁または環境省編、環境白書（一九七二―二〇〇六）

（4）環境省編、環境・循環型社会白書（二〇〇七―二〇〇八）

（5）環境省編、環境・循環型社会・生物多様性白書（二〇〇九―二〇一三）

（6）（$SO_X$ 排出許容量 $Nm^3/h$）$=K\times10^{-3}\times$（有効煙突高 m）$^2$ という基準式が使用される。K値は地域に応じて決定され、煙突が高いほど排出量を多くできるため、高煙突化が進められた。

（7）石油エネルギー技術センター（二〇一二）

（8）現在の日本の大気環境中では、$PM_{2.5}$はSPMの七割程度を占める。$PM_{2.5}$はより粒径が小さく肺の奥に達しやすいため、健康影響が懸念されている。$PM_{2.5}$を含む大気中の物理・化学の詳細については、藤田ら（二〇一四）などを参照されたい。

（9）Soda et al.（2013）

（10）現在では広域大気汚染問題として、$O_X$や$PM_{2.5}$などの長距離輸送とともに包括的に扱われることが多い。

（11）IPCC（2013）

（12）続いて「自然起源の強制力の寄与は、マイナス〇・一～〇・一度の範囲である可能性が高く、自然起源の内部変動性の寄与はマイナス〇・一～〇・一度の範囲である可能性が高い」との記述があり、残りの半分弱が自然起源の寄与であることを主張するものではない。

（13）もう少し詳しく学ぶのであれば、大気環境学会誌入門講座シリーズ七「地球温暖化」などを参照されたい。

(14) 水蒸気は温室効果に最も寄与しているが、大部分が自然起源である。ただし、水蒸気には気候への正のフィードバック効果（温暖化の場合は、気温上昇→水蒸気量増加→さらに気温上昇）がある。

(15) 気象分野ではパラメタリゼーションと呼ばれ、大気境界層乱流、積雲対流、雲微物理、放射過程などで用いられる。

(16) 各気候モデルについて、将来予測の妥当性を検証することは困難であるが、過去から現在までの気候変動を再現できることは確認されている。

(17) 気象予報モデルも同様の特徴があるが、気候モデルとは対象が異なる。気象予報は特定地点・時刻の値（たとえば明日九時の大阪市の気温）の予測を対象としているのに対し、気候予測では広域の平均的な値（たとえば中緯度地域の年平均気温）の予測を対象としている。

(18) 国立環境研究所、地球温暖化が日本に与える影響について、http://www.env.go.jp/earth/nies_press/effect/

(19) 温暖化影響総合予測プロジェクトチーム、地球温暖化「日本への影響」―最新の科学的知見―

# 第7章　持続可能な社会に向けた都市づくり・まちづくりとは？

武田裕之

## 1　はじめに――なぜフューチャー・デザインというコンセプトが必要か

都市は多くの人々の活動の受け皿であり、また生活を行っていく上で欠くことのできない場となっている。すでに日本においては九〇％以上の人々が都市に居住しており[1]、この割合は今後も増えていくと予想されている。産業革命や戦後の復興、高度経済成長期など、大きく都市が変化することもあったが、社会がある程度成熟したことによって都市はドラスティックには変容しなくなってきた。都市空間は大量の物的環境によって形作られており、建築物であれば構造体の種類によって異なるもののおおよそ五〇年[2]、土木構造物であればもっと寿命は長くなるため、その姿を変えていくには大変な力と長い時間が必要であるが、逆に言うと一旦作ってしまったものは長期間留まり続け、影響を与え続ける。現在の都市が抱える課題の多くは時間の変化と共に顕在化してきているものが多く、ある一時点での要求に応えてばかりいると後に思わぬ形で重荷となることがある。それは一九六〇年代から盛んに開発されたニュータウンがよく表している。ニュータウンは、高度経済成長期に多くの人々が都市部に流れ込んだため、地価の高騰や地域によっては住環境を悪化させていたことに対し、都市部に通勤でき、環境が良く、手の届く金額で住宅を供給してきた。しかし同時期に開発し、同年代の人々が居住したため、現在では一度に大量の施設が更新時期を迎え、住民の高齢化も進んだ。また住宅に特化した地域としているため、商業施設や娯楽も少なく、場所によっては公共交通の利便性も悪いため、住民にとって生活のしづらい場所となっていることも多い。その上、バブルがはじけた後、都心部の地価も下落しているため、より利便性の高い都心部へと人口が戻ってくる都心回帰が起こっている。そして現在では「オールドタウン」化したニュータウンとなり、多くの地域課題を抱えるものも多い。

日本はすでに人口減少が始まっており、これまでの人口増加を前提とした都市は大きな転換期を迎えた。各地でこれまでの都市計画を見直し、新たな取り組みを行っているところも見られるが、現実的にはまだまだ人口減少社会に適応する態勢は整っていないと言えるだろう。前述の通り現在の都市は大きな変容を受け付けにくいものである上、第１章で述べられた通り現状維持を望み、やや物事を楽観的に捉えるという特性が人間には備わっている。つまり現在生活している空間を変えていくことは、金銭的な負担もさることながら、心理的負担も大きい。しかし現状維持を続けるのが困難な状況の中では、どこかの段階において方向転換が必要である。現在良くも悪くも都市づくりやまちづくりの主体は住民・民間組織に移りつつあるため、将来のまちについて議論をする場面が増えてきている。このような場において本書で提案されている将来世代との交渉ができるならば、長期的な視点から各世代における負担の分配を議論できるのではないだろうか。本章では現在の都市の状況を人口の視点から俯瞰した上で、現在の取り組みと課題、フューチャー・デザインの可能性に言及したい。自分の住む、働く、受け継いでいく都市・地域の将来を考えるきっかけとなれば幸甚である。

## 2　将来人口の推計

都市のことに言及する上で、これからの人口がどのように推移するかを簡単に触れておきたい。図7-1は人口推移と人口推計（二〇一二年推計）であり、年齢三区分の人口および人口構成比を示したものである(3)。これをみると二〇〇〇年代にピークを迎えた人口は二〇一一年より減少の一途をたどり、二〇五〇年付近で一億人、二一〇〇年付近では五〇〇〇万人を下回る。近年生まれた子ども達が平均寿命をまっとうする頃には人口は現在の半分以下になっているということになる。また人口構成比を見ると二〇五〇年あたりで年少人口が約一〇%、生産年齢人口が約五〇%、老年人口が約四〇%となり、その後一定となる。注意が必要なのは、少子高齢化と聞くと若年人口が減少し

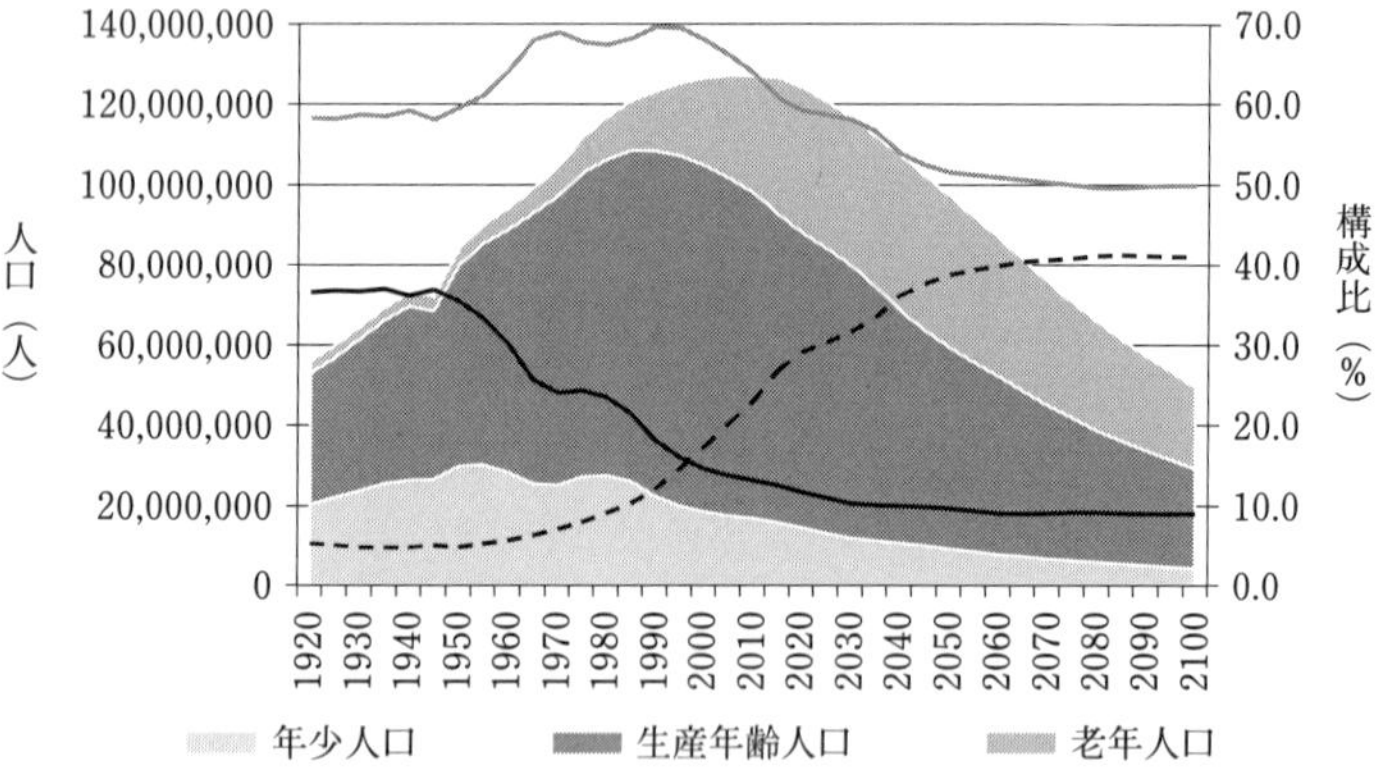


図7-1　人口推移と人口構成比率（2015年以降は2012年に推計された推計値）

高齢人口が増加すると考えがちであるが、二〇五〇年あたりで高齢人口も減少が始まる。高齢人口が増加するのも後三五年程度のことである。つまり特にハード面において高齢者に対する対策を拡大し続けると、いずれ供給過多になることが言えるだろう。

## 3　人口減少を迎える都市と大都市への集中

それでは人口規模から見たときに都市はどのように推移するかを見てみよう。社会保障・人口問題研究所では二〇四〇年までの市町村別の人口を推計しており、全国の市町村を人口規模別にすると表7-1のようになる。[4] これをみると五万人以上の人口を抱える市町村は軒並み数が減る一方で、一〇〇〇人以下の市町村は二〇四〇年には二〇一〇年の二倍以上に増加している。さらに人口規模別に人口増減を見ると（図7-2）、人口規模が大きい都市ほど人口減少率が低くなる傾向にあるということがわかる。これは地方都市での高齢化に加え、社会増減、つまり転居などに伴う都市への流出入が大きく関係している。図7-3は一九七〇年から二〇一一年の間における他都道府県からの転入者と転出者の比率をグラフにしたもので、一を超えると転入超過、つまり社会増していることを示している。[5] これまでに増減の浮き沈みはあるものの、近年では東京都および東京圏の流入が多くなっていることがわかる。また東京都区部および政令指定都市においても一九九七年からは流入超過となっている。一九七〇年以降集中と分散を繰り返してきているが、その背景としては様々な事象があるものの、経済成長による都市部への人口流入→都市部での住環境の悪化および都市部での地価の急騰→郊外部での宅地開発→景気の悪化による都市部の地価の暴落→利便性などを求めた都心回帰ということが大きな要因と言えるだろう。経済活動の大部分を大都市が担っている今日では労働者が大都市およびその周辺に集中してくるのが自然であるが、先行きが見えない市況の中で地価の大きな変動は起こりにくく、さらに人口減少により需要が減っていく中で、これまでのトレンドに従う可能性は低いと考える。つまり今後もマクロに見ると東京および東京

**表 7-1　人口規模別の市区町村数（福島県の市町村を含まず）**

| 人口規模 | 都市数 2010年 | 2025年 | 2040年 |
|---|---|---|---|
| 100 万人以上 | 11 | 11 | 10 |
| 50-100 万人 | 24 | 22 | 20 |
| 30-50 万人 | 47 | 46 | 39 |
| 10-30 万人 | 203 | 189 | 160 |
| 5-10 万人 | 265 | 230 | 215 |
| 3-5 万人 | 242 | 230 | 204 |
| 1-3 万人 | 440 | 431 | 435 |
| 5000-1 万人 | 225 | 230 | 230 |
| 1000-5000 人 | 201 | 257 | 310 |
| 1000 人未満 | 25 | 37 | 60 |
| 計 | 1,683 | 1,683 | 1,683 |

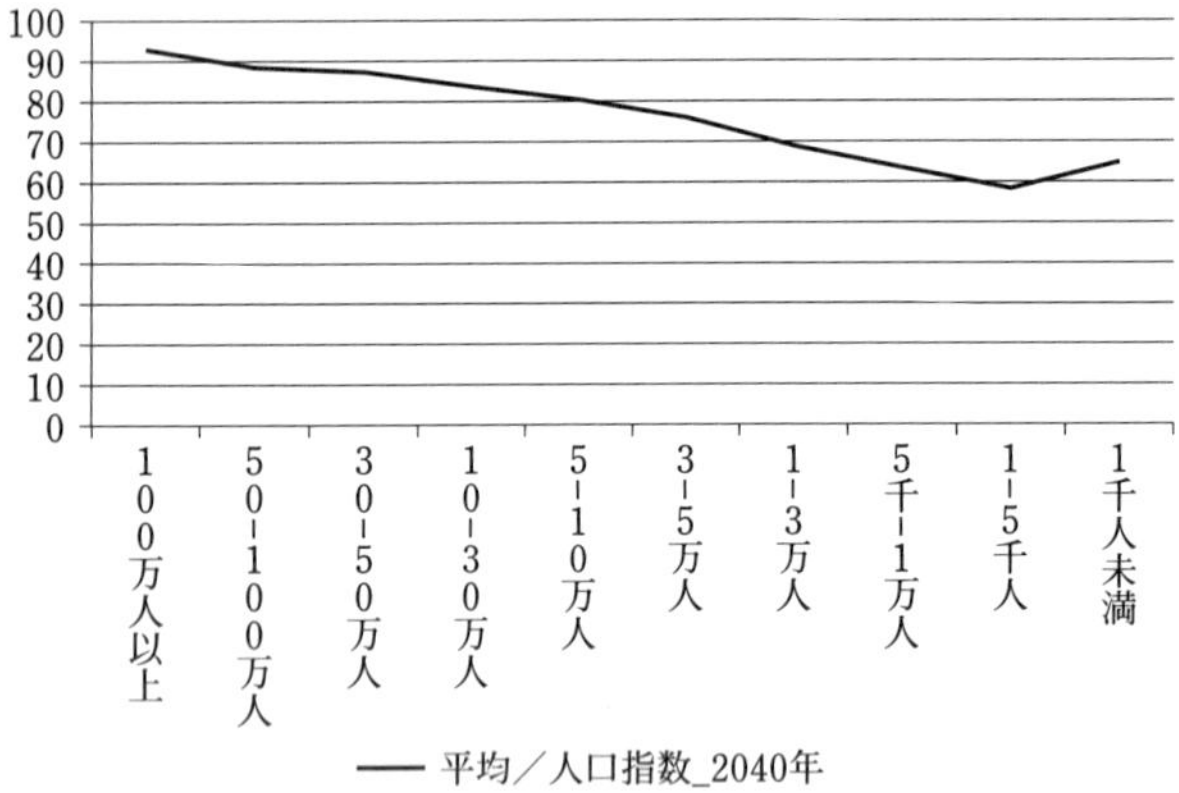


図 7-2　人口規模別の人口増減（2010 年の人口を 100 とした場合の 2040 年の指数）

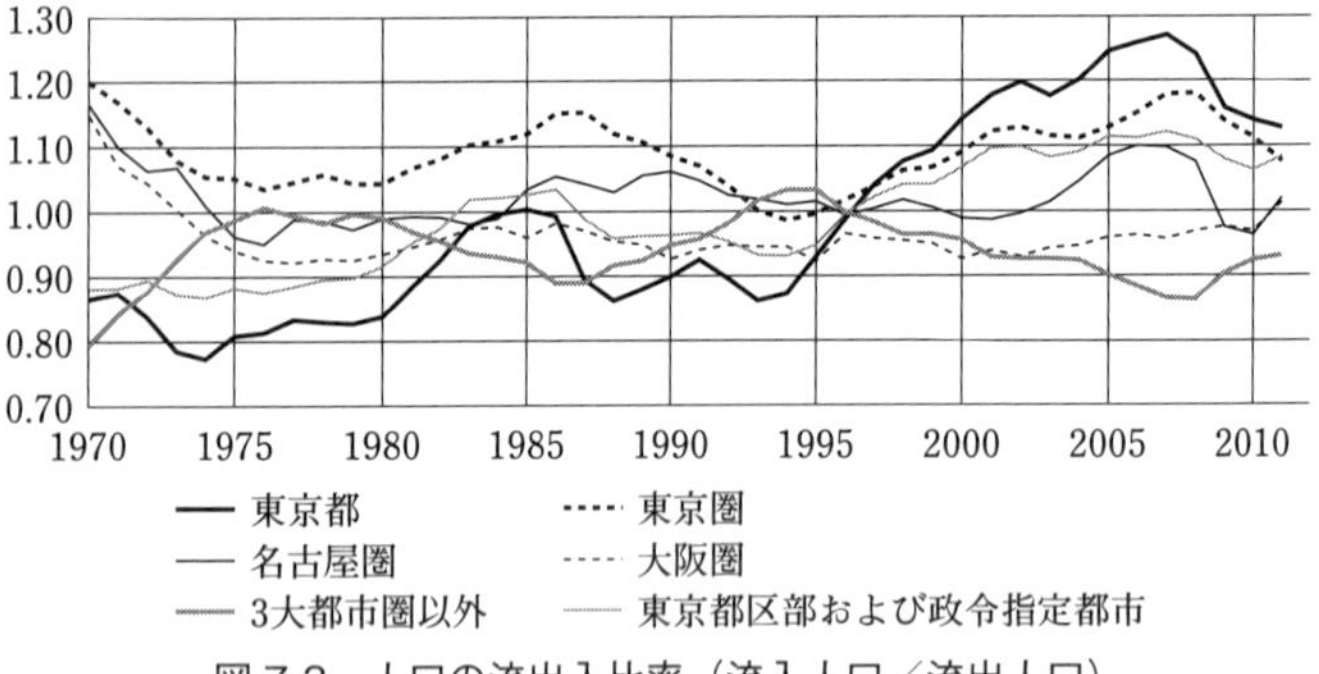


図 7-3　人口の流出入比率（流入人口／流出人口）

圏への一極集中、ミクロに見ると大都市に集中する傾向が続くと予想できる。

さらに二〇一四年三月に国土交通省から発表された資料によると、[6] 二〇五〇年には現在の居住地域の約六〇％の地域において人口が半分となり、そのうち三分の一の地域で住民がいなくなると予測されている。その一方で、人口減少の大きな原因となっている少子化を考えると、二〇一三年の合計特殊出生率[7]は一・四三となっており、最低を記録した二〇〇五年の一・二六からはやや回復しているものの、出生数は過去最少の一〇二万九八一六人となっている。[8] 人口は出生率が回復したからといってすぐに影響を受けるものではなく、経済財政諮問会議専門調査会「選択する未来」委員会が発表した資料[9]によると、仮に二〇三〇年までに合計特殊出生率が人口置換水準[10]である二・〇七に急上昇した場合でも、人口減少は二〇八〇年まで五〇年間続き、人口は現在より約二千万人少ない一億人程度になると予測されている。つまり大規模な移民政策などを行わない前提に立てば、人口減少は決して短期では解決しない問題であることがわかる。

## 4　都市課題と取り組みに対するフューチャー・デザインの可能性

ここまでは人口減少という現象から見える都市の状況について紹介した。現在危機的な状況に向かっていることを少しでも感じていただければ幸いである。ここからは現在行われている都市施策を都市の課題と結び付けて考えてみたい。施策が行われる背景となる課題については様々なものが考えられるが、よりイメージしやすいと思われる課題を取り上げた。また人口減少の影響を受けるのは当然都市だけではないが、都市的な施設および機能を有する、つまり開発がある程度進んでいる市において、大幅な人口減少は人々の生活に致命的な影響を及ぼす可能性があるため、特に都市部における状況に注目しながら進めて行きたい。

## ５　拡大した市街地とコンパクトシティ政策

これまで都市は人口増加や経済発展を背景として郊外へと市街地の拡大を続けてきた。高度経済成長期における市街地の拡大は、急激に都市部へ人口が流入したことによる地価の高騰や住環境の悪化などの原因もあり、ある程度必然的なところもあったかもしれないが、人口増加や経済発展が鈍化していく中でも市街地は拡大し続けた。図７-４は人口集中地区（ＤＩＤ）[11]の面積とＤＩＤ内の人口密度の推移である。[12]近年ではＤＩＤ面積の増加は鈍化し、ＤＩＤ人口が増加しているため人口密度もやや高まっているが、すでに低密度の市街地が形成されている都市も少なくない。低密な市街地が拡大することで、維持管理すべきインフラが増加するだけでなく、一定の公共サービスを満足させるために新たな公共施設を建設する必要も出てくるかもしれない。交通面では、低密な市街地は公共交通の促進を妨げ、自動車中心の生活になる。また、それまで高密だった市街地が低密化することで、公共交通の採算がとれず廃止となる路線も発生する。結局自動車が増加することに

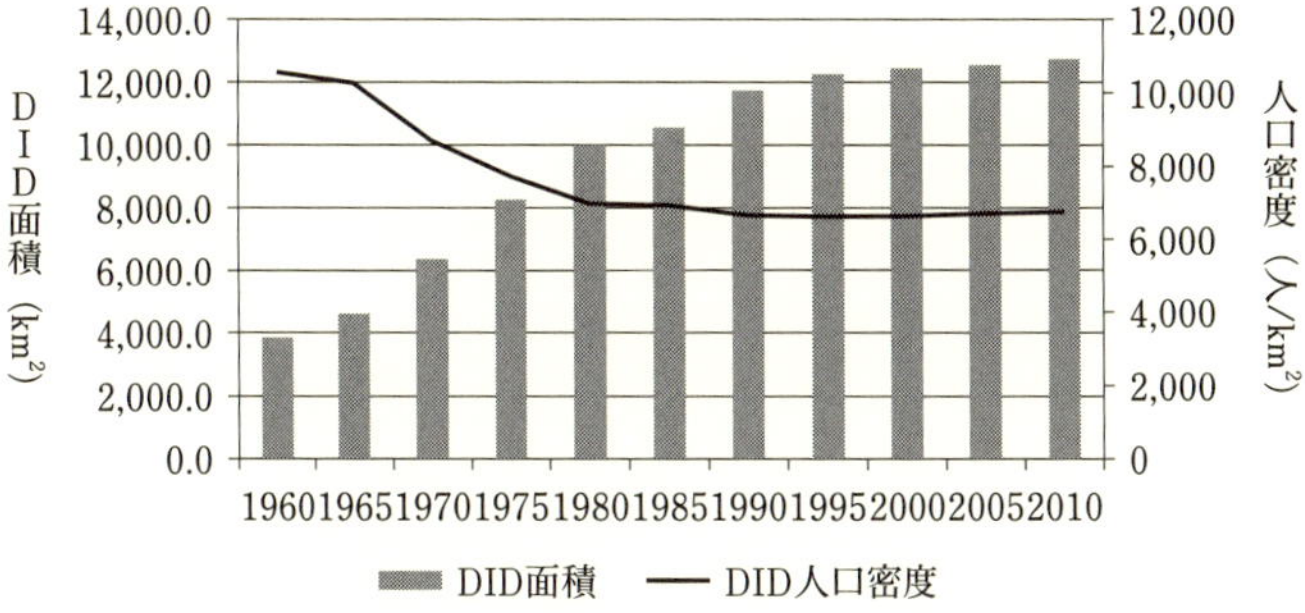


図 7-4　DID 面積と DID 内の人口密度

なるが、就労の場所の多くは中心市街地に立地しているため、中心市街地で慢性的な交通渋滞を発生させることとなる。都市のフリンジ部分ではロードサイドショップや郊外型の大型ショッピングセンター、複合商業施設が建設され、自動車でのアクセスが容易なため中心市街地以上の集客力を持ち、中心市街地を疲弊させていく。これらはすでに多くの地域でおきていることであるが、今後も都市化と人口減少が続くならば、これらのことはより顕著に現れ、そして極端に生活利便性の損なわれた地域が生じてくる。特に行動範囲が狭くなる高齢者や自動車を持たない小さい子供を抱えた家庭にとっては、生活に大きく影響することであろう。

　こうした中、エネルギー利用の効率化や環境保全への機運が高まったことも相まって、「コンパクトシティ」と呼ばれるコンセプトが注目されてきた。コンパクトシティは一九七〇年代にアメリカにおける郊外への無秩序で無計画な開発に警鐘を鳴らすため、効率的な輸送システムを持った高密度な都市モデルとして提案されたものであるが[13]、一九八〇年から九〇年代における都市や環境の持続性に対する議論の高まりの中で注目され、エネルギー効率が高く、環境負荷が少なく、さらに人間主体の持続可能な都市モデルとして広く知られるようになった[14]。またコンパクトシティにおいて集約化（コンパクト化）するのは、中心部の密度を高めるといった都市の形態のことだけでなく、公共サービスなどの都市機能を集約し、利便性の高い都市空間を創り上げていくことも含まれている。日本においても国土交通省が都市再生・都市再編の手法として推進するようになり、多くの自治体において目指すべき都市像として掲げられている。代表的な事例としては、都市をインナー・ミッド・アウターの三つに区分し、それぞれの地域にあわせた土地利用を定めることで市街地内部へと開発を誘導する政策を執った青森市[15]や、日本で初めて本格導入されたＬＲＴ[16]などの公共交通を軸とし、公共交通利用の促進、公共交通沿線地域や都心への居住促進、中心市街地の活性化を行っている富山市が挙げられる[17]。

このようにいくつかコンパクトシティに向けた政策を実施している都市も見られるが、多くの都市においては都市のコンパクトシティ化は進んでいない。先進事例とされる青森・富山においても集約型の都市構造ができているとは言いがたい。これには「移転・移住」という問題が大きいと考える。都市の姿を変えていくには多少なりとも建物の再配置は必要であるが、第１章および本章の冒頭でも触れた通り、人間は変化に対して寛容ではない。その上、日本人は住宅購入回数が他の国と比べて少なく、住宅は一生に一度の買い物となる傾向が強いため[18]、購入した住宅に対する思い入れが大きいことも要因のひとつであろう。また農山村における災害の被災地のように、自らの生活に差し迫った危険が及んでいる状況になければ、現状の生活環境に多少の不満があっても移転へのモチベーションにはつながらない。さらに都市部においては、たとえ災害の常襲地域や大規模地震の津波により壊滅的な被害が想定されている地域においても移転への意欲が高まらないだけでなく、移転の検討すらしていないところもある。もちろん移転するにあたっては、土地・建物の所有といった資産的な課題のみならず、先祖から受け継いできたという伝統、その地域の文化や歴史の継承などの課題もあり、二つの地域を比較して優れた方に集まるといった単純な話ではない。

しかしながら、将来（少なくとも近い将来）著しく生活環境が悪化する地域や、都市の甚大な被害を及ぼす災害リスクがあるといった地域においては、これまで通りの日常生活が送れる程度の利便性がある場所に居住したいと思ったり、災害リスクの低い場所に居住したいと思ったりしないだろうか。また自らはそうは思わなくても、たとえば子孫にはより安全な場所で生活を送ってもらいたいと考えないだろうか。誤解のないように記しておきたいが、農山村に住んでいる人を全員都市部に集めたいだとか、都市の中でも全ての人を拠点に集めたいという訳ではなく、現在居住している地域を活性化、もしくは存続させていく上で、将来世代の状況を考慮した望ましい将来像を議論し、それがどの時点でどこまで達成できるか、言い換えるとどの世代がどの程度の負担を請け負うかを検討していく必要がある。

## 6　財政難を抱える行政と民間に移行しつつある地域のマネジメント

もうひとつ都市の抱える課題と取り組みを紹介したい。ここでは都市を維持するにはどれだけの費用が必要か、地方財政から考えてみたい。インフラに関する財政支出の中でもより身近にある公共施設と道路について試算するが、仮に人口一〇万人の都市を想定することとする。まず歳入額を試算すると、一人当たりの平均歳入額は三七・六万円(19)であるため、人口一〇万人の都市を考えると歳入額は三七六億円となる。次に公共施設を考えると、公共施設の建設床面積と工事費予定額から算出した建設単価は二三万二八〇〇円／平方メートルであり(20)、一人あたりの公共施設床面積は三・四二平方メートルであるため(21)、人口一〇万人の都市においては公共施設の床面積は三四万二〇〇〇平方メートルであり建設費は約七九六億円となる。建築物の企画設計段階から解体・廃棄処分までにかかる全ての費用（ライフサイクルコスト）のうち、企画・設計費および建設費が占める割合は併せて一五％程度となっているため(22)、ライフサイクルコストとしては約五二三八億円が必要となり、ランニングコストに二六五九億円、維持更新費に一四二五億円と試算できる。文頭で示した通りどの構造で建設しても建築物の平均寿命はおおむね五〇年程度であることを考えると、年間五九億円のランニングコスト、年間二八億円の維持更新費が必要である。次に道路を考えると、日本の総道路延長および面積はそれぞれ一二六・四万キロメートル、九八七四平方キロメートルであり、うち市町村が管理する市町村道は一〇五・五万キロメートル、六六六三平方キロメートルとなっている[23]。つまり一市町村あたりが有する道路延長および面積は平均で六一・三キロメートル、三・八平方キロメートルとなる[24]。国の平成二三年度予算では国道の維持管理費として二一五八億円、更新費を含めた改築費に一兆一六六二億円が計上されている[25]。つまり一平方キロメートルあたりの維持管理費が一・六億円、改築費が八・八億円となる。なお国道と市町村道では道路の維持管理、改築にかかる単価は異なるが、ここではデータの関係上、国道での単価を使うこととする。ここから算出すると、一市町村あたり道路の維持管理費は年間六・三億円、改築費は年間三・九億円となる。

上記の計算からいうと建築物と道路のランニングコスト（維持管理費）だけで年間六〇億円以上を占め、建築物の維持更新費および道路の改築費を含めると年間一〇〇億円近くになる。都市のインフラは建物と道路だけではなく上下水道もあれば河川の整備も必要であるため、実際に予算確保されているかは別として、さらに多額の費用が必要となる。都市は存在するだけで莫大な予算が必要であるということがわかっていただけただろうか。少子高齢化が進む今日では地方財政における社会保障費の割合は高くなり続けており、人に対する保障を優先させるとどうしてもインフラに割かれる経費は少なくなる。すでに道路や水道管など、インフラ関係の費用を捻出できない地方自治体も見られる中、これまでの平等を目指した一律の維持管理は困難となってきており、住民への負担も増えていくと考えられる。

こうした中、行政の財政負担の軽減を狙い民間活力の導入が進められている。これまでもＰＰＰ[26]

による公共事業への民間資本の投入や公共サービスの民間委託などが行われていたが、近年では建設・運営だけでなく、維持管理についても民間活力の導入が進んでいる。そのためか昨今、「〜マネジメント」という言葉を耳にすることも増えているのではないだろうか。「〜」にはタウン、エリア、コミュニティなどが入ってき、たとえば市街地ではタウン・マネジメント、住宅地ではコミュニティ・マネジメントといった形で呼ばれていることが多い。これらは地域の維持管理、さらには地域活性化に関する活動を指すこともあれば、活動を行う組織を指すこともある。ここでは最も地域を限定されないで広い意味で使えるであろうエリア・マネジメント(27)と呼ばせていただく。エリア・マネジメントの活動は地域によって様々であるが、国や自治体の思惑としては、これまでよりも公共空間の利用制限の緩和や民間組織の権利の拡大を行うことで、地域の人々自身の手で地域活性化を行い、さらには地域のインフラなどの維持管理を促すというところにある。中でも二〇一一年の都市再生特別措置法の改正(28)は重要なポイントとなっている。この改正により、これまで公益的な活動しか認められなかった道路空間について、広告塔や食事、購買施設の設置が可能となった。つまり公共空間において収益事業も行えるようになった。またまちづくり団体は市町村長の指定により都市再生整備推進法人となることができ、行政の補完的な役割を担う代わりに税制面や融資などの支援が受けられる他、都市再生整備計画を提案できるようになった。まだまだ課題も多くみられるが、地域運営の柔軟性が増すと同時にまちづくりの主体が民間へと移行しつつあると言うことができよう。またエリア・マネジメントのひとつの形態としてＢＩＤ（Business Improvement Dis-

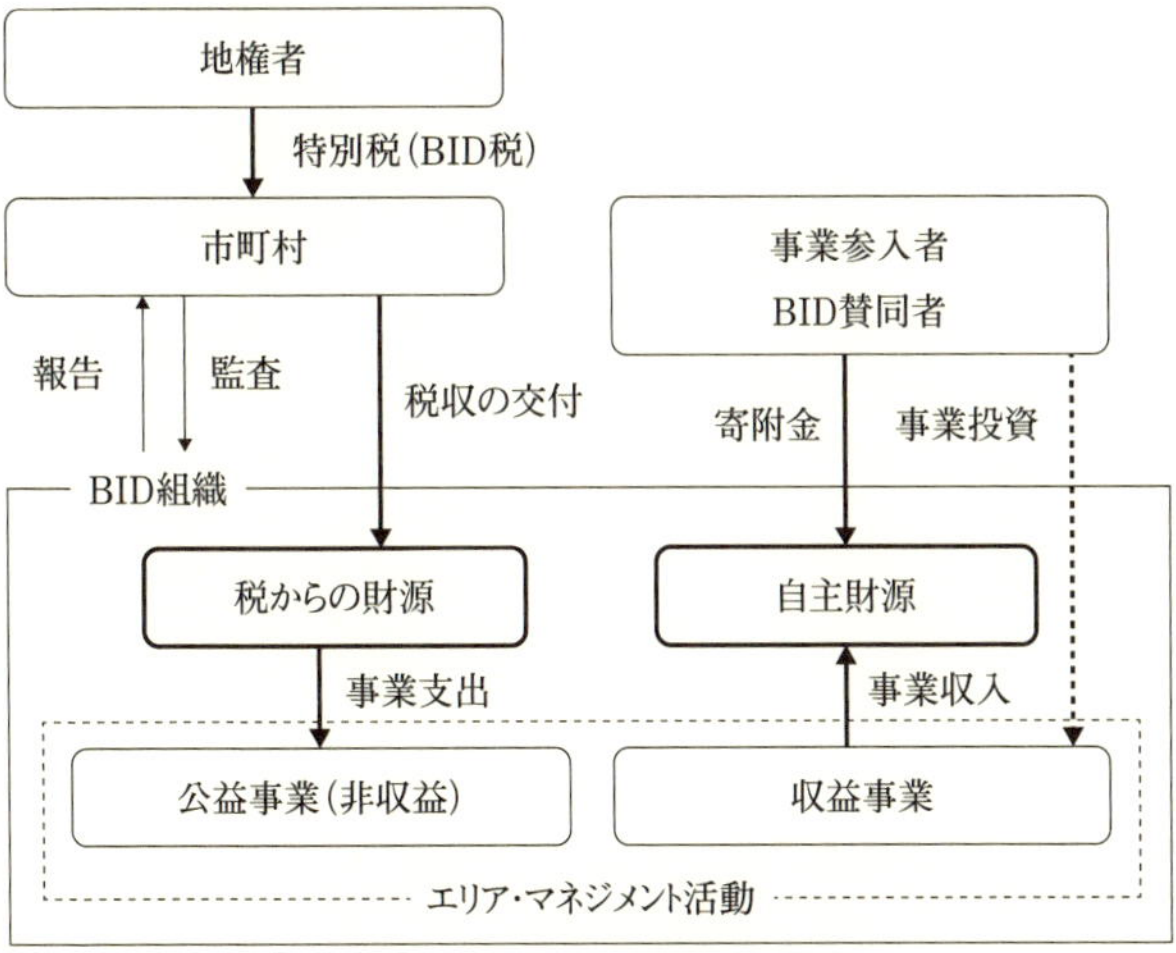


図 7-5　BID 組織の財源

trict）が注目されている[29]。これは公共施設の管理や公共空間の清掃、治安維持といった行政活動の上乗せ的なサービスや産業振興などを地域に提供する制度である。指定されたエリアの地権者は負担金として特別税を支払うことになるが、これは交付金としてＢＩＤ組織に分配される。また独自の事業を展開し、自主財源を持つことも認められている（図７-５）。ちなみにニューヨークで実施されているものが有名であるが、国内では大阪市がＢＩＤのコンセプトを基に「大阪市エリアマネジメント活動推進条例[30]」を二〇一四年に制定している。

　日本においては、まだまだ行政の公共インフラの維持レベルが高いため、どちらかというと行政が行う公共サービスに上乗せする形（ゼロ→＋α）となっているが、少子高齢社会が続き、税収が減少し社会保障支出が増加するとされる中においては、これまでの生活環境を維持する（マイナス→ゼロ）必要が生じてくる可能性が高く、エリア・マネジメント組織への負担（つまりは住民の負担だが）が増加すると共に、地域にこのような組織もしくは代替するような体制や制度が重要となると考えられる。岩手県紫波郡矢巾町では住民との対話を通じた水道の維持管理を実施しており、町内の水道管の優先度を点数で評価、それに応じて水道管の更新を行っている(31)。住民自身が現在置かれている町の状況を把握し、住民同士の合意形成を図りながら公共サービスの方針を定めていくという点においては先進的な事例であろう。

## ７　これからの都市とフューチャー・デザイン展開の可能性

これまでの都市づくりやまちづくりは行政が主体であったが、これまでで言及してきた通り、住民や民間組織の権利が大きくなり、良く言うと住民の意見が反映され、様々な活動が展開できるように、悪く言うとまちづくりの判断に対して行政の責任が小さくなり、税金という金銭的な負担に加え労働力の提供も求められるようになった。しかし住民が都市や地域の方向性を決定する権利を持ち始めたこと自体は評価できる点であろう。これからは住民次第で大きく将来像が変わっていき、地域間の格差も大きくなると考えられる。もし自分が住んでいる都市、もしくは地域を将来にも亘って存続させていきたいのであれば、将来世代と議論するのが手っ取り早いであろう。ただし都市づくりやまちづくりにおいては、利益の再配分というよりは負担の再配分ということの方が多いかもしれない。もちろん現世代が全ての負担を受けるには規模が大きすぎることもある。そのためにも将来世代との交渉の中で、どの世代がどの程度負担するか、もしくはどのタイミングで実行するならば負担が少なく成果を得られるかを議論していかなくてはならない。たとえば移転に関する問題であれば、所有者が発生もしくは変更されるタイミングに着目し、家を購入する際の誘導や、相続時の税金の優遇をすることでより望ましい場所へと移転を促すといった施策も考えらえる。また近年では特に都市部において都市間での移動が活発となり、誰かが先祖代々の土地を守らなければならないといった感覚も薄れつつあることから、そもそも土地の所有ということ自体を見直し、土地の使用権を売買することでひとつの限定された土地への執着をなくし、社会の変化に応じて流動的に住宅を選択できるようにするといった考え方も検討していけるのではないだろうか。すでに矢巾町のように住民と行政が負担の再配分を議論するといった場面は見られるようになってきている。さらに将来世代を加えることによって施策に時間軸が加わり、より内容の充実が図れるのではないか。

またフューチャー・デザインにおいては、将来世代を生み出し、交渉していくということだけが必要なことではなく、将来世代にまで考えを及ばせることのできる人材を増やしていくための方策を考えるということも重要である。まだまだフューチャー・デザイン自体発展段階ではあるが、本書を読んで少しでもフューチャー・デザインのコンセプトに共感していただけるのであれば、都市づくりやまちづくりの場面において次の点を頭の片隅でもいいので意識していただけると幸いである。

住民や民間組織については、現在置かれている都市もしくは地域の状況を正しく把握しなければならず、そして将来起こり得る事象に考えを広げる必要がある。その一方で望ましい将来像を考え、それに向けたプロセスを計画しなければならない[32]。そして一人一人が七世代先とまで言わないが、少なくとも子や孫世代のことを想像してほしい。都市づくりやまちづくりにおいては将来世代に行うことが自らの利益にもなり得ることも往々にしてあるため、決して負担ばかりではないことは理解してほしい。また（仮想的）将来世代との交渉が実現するならば、人口減少社会に突入し、状況はすでに大きな転換期を迎えたことを意識して、既存の概念に囚われない発想に対し「否」を突きつけるのではなく、可能性のひとつとして検討することを厭わないでいただきたい。

一方で行政はコーディネータとしての役割が大変重要になってくる。まず情報についてはすでに様々な統計や資料が公開されているが、これらを一般市民に分かりやすい形で示すことが重要であろう。さらにワークショップなどにおいては少数派の意見を大切にし、完全に全員が「納得」できることは少ないだろうが、住民各々が自分の意志を伝えた上で「受け入れられる」状況を生み出していくように進行していく必要がある[33]。また中央省庁においては将来世代を生み出すための研究、将来世代との交渉を行う場を取り仕切れる人材（ファシリテータ）の育成などを行う機関が必要であり、地方自治体においては前述した機関から指導を受けたコーディネータが実際に場を取り仕切るだけでなく、現世代となる市民に対しフューチャー・デザインの思想を広めていく必要があるだろう。そして行政もまた前例主義からの脱却が必要であり、トライ・アンド・エラーを積み重ねていかなくてはならない。さらにＰＤＣＡサイクル(34)を確実に実行することも重要である。これまで自治体においては事業の失敗に対して敏感なところがあり、評価（Check）が実施されない、もしくは評価しても改善（Act）まで結びつかない事例も多々見受けられた。将来世代と現世代との交渉を進めていくためにも、縦割りの考え方を改め、多角的な視点からのアプローチが必要である。

## 8　おわりに

いささか簡単ではあるが人口減少の影響と都市施策を紹介した。これまで何年にも亘って「都市は転換期にある」ということが言われてきたが、そろそろ転換期の期限が切れてきているのではないかと感じる。このような中で政府や地方自治体においては、都市をコンパクトに集約すべきか分散のまま持続性を図るべきか、居住者がいなくなる可能性の高い地域をどのように扱うべきか、どこに公共投資をしていくべきかなどなど、重要な選択が迫られる場面が多くなる。ただしこうした重大な決定の全ての責任を担うということではなく、様々なオプションを検討し、住民に提示した上で、官民一体となって決断していくということも必要になる。中には現在の住民の利益を損なうことを許容してもらわなくてはならない場面にも遭遇するだろう。一方で良くも悪くも民間にまちづくりの主体がシフトしつつあることを考えると、持続的な地域になるかどうかは住民や民間事業者の手にかかっているところも大きい。現実の問題を真摯に受け止め、公共と民間のどちらかが評価者になるのではなく、お互いに実行者であり評価者であることを意識し、それぞれの立場で担える役割を果たしていく体制作りが必要となる。こうした場面においてぜひ一人一人が少しでも将来世代のことを考えて下さることを望むところである。

最後に、持続可能性とかサステイナビリティとかという言葉が多く用いられている。これまでは「現在の状況を保ち続ける」という意味合いが強かったように感じる。しかし人口のところで示した「未来への選択」にある通り、たとえ後一五年で出生率が人口置換水準に回復してもその後二〇八〇年頃まで人口が減少するとされているため、一〇〇年後をひとつの目安とするならば、地域差はあるが基本的には現在より二〇％は人口が減少した都市の状態を考えなければならない。そして幸いにも順調に出生率が回復し、多少なりとも人口増加に転ずるのであれば、その次の一〇〇年は人口の増加した都市の在り方を考えなければならない。こういった意味においては、「未来をどのように創っていくか」ということが重要なキーワードであり、現世代の利益だけでなく、将来世代の利益も保護もしくは新たに生み出していく必要がある。都市の現在までの過程、そして現在の状況を考えると、ややネガティブな情報が多いため、せめて現在の状況を保ちたいと感じるかもしれないが、変化をポジティブに捉え未来の都市やそこで生活する人々のライフスタイルをデザインすることを考えていきたいと思うと共に、このような考え方を体現しうるものとして「フューチャー・デザイン」の重要性を説きたい。

# 注

（1）二〇一一年の都市人口は人口の九一・三%を占めており、二〇五〇年には九七・六%になると推計されている。ここでの「都市」は日本における市町村の「市」を指す。(United Nations, 2011)

（2）住宅の寿命として三〇年程度とされることも多いが、この数値はいわゆる「サイクル年数」であり、建築ストックの総数を年間の新築数で割った値である（建築解体廃棄物対策研究会、一九九九）。建築物は建設されて解体されるまでその場所にあり続けるため、ここでは建築物の残存率に着目した区間残存率推計法を用いた木造住宅の平均寿命（残存率五〇%の年数）を記載している。この区間残存率推計法で算出すると木造住宅は五五年程度であり、鉄筋コンクリート造は五〇年程度、鉄骨造は四五年程度となる（小松、二〇〇八）。

（3）日本の統計二〇一四（総務省、二〇一四）および日本の将来推計人口（二〇一三年三月推計）（社会保障・人口問題研究所、二〇一三）の人口の推移と将来人口（出生・死亡中位での推計値）。

（4）日本の地域別将来推計人口（平成二五年三月推計）（社会保障・人口問題研究所、二〇一三）。ただし推計値には福島県の市町村は含まれていない。なお区に該当するのは東京都区部の二三区である。

（5）住民基本台帳人口移動報告（平成二五年結果）（総務省、二〇一四a）。東京圏＝東京都・神奈川県・埼玉県・千葉県、名古屋圏＝愛知県・岐阜県・三重県、大阪圏＝大阪府・京都府・兵庫県・奈良県、大都市＝政令指定都市（熊本市を除く）および東京都区部　※熊本市は平成二四年に指定

（6）新たな「国土のグランドデザイン」（骨子）（国土交通省、二〇一四a）

（7）「一五〜四九歳までの女性の年齢別出生率を合計したもの」で、一人の女性がその年齢別出生率で一生の間に生むとしたときの子どもの数に相当する。ちなみに一九七一〜一九七四年の第二次ベビーブームにおける出生率は二・一五前後であった。

（8）平成二五年人口動態調査（厚生労働省、二〇一四）

（9）未来への選択（内閣府、二〇一四）

（10）人口が将来に亘って増減せず、親世代と同数で置き換わるための合計特殊出生率の値。女性の死亡率などによって変化するが平成二四年の値は二・〇七である。

（11）人口集中地区（DID：Densely Inhabited District）は、「市区町村の境域内において、原則として人口密度が四〇〇〇人／平方キロメートル以上の基本単位区が隣接し、かつ、その隣接した基本単位区内の人口が五〇〇〇人以上となる地域」のことであり、都市的地域を表す。

（12）図は平成一七年および平成二二年国勢調査より筆者が作成。（総務省、二〇〇五）（総務省、二〇一〇）

（13）詳しくはG.B.ダンツィク・T.L.サアティ（一九七七）を参照されたい

（14）コンパクトシティ研究の第一人者として海道清信氏が挙げられる。詳しくは海道氏の著書（海道（二〇〇一）や海道（二〇〇七））を参照されたい。

（15）青森市（二〇一四）

（16）Light Rail Transit（軽量軌道交通）の略。低床式車両の導入や軌道の改良により定時制、速達性、快適性を向上させた軌道系交通システムのこと。従来の路面電車の車両、運行システムを改善したもので、次世代型路面電車と呼ばれることもある。

（17）富山市（二〇〇八）

（18）リクルート住宅総研の実施した調査（リクルート住宅総研、二〇〇八）によると、生涯持家購入回数は日本で一・九回だが、持ち家として購入した回数では七〇％以上が一回と回答している。ちなみにアメリカでは、生涯持家購入回数は二・八回で、持ち家として購入した回数のうち一回との回答は五〇・一％。

（19）平成二四年度における中都市の一人あたりの歳入額（総務省、二〇一四b）、人口一〇万人以上の都市は中都市に区分される。

（20）建築着工統計調査報告によると平成二五年度の建築主が市区町村である建築物の床面積は六五六万一〇〇〇平方メートルであり、工事費予定額は一兆五二七四億円である。（国土交通省、二〇一四b）

(21) 根本(二〇一四)
(22) ライフサイクルコストの範囲は、企画・設計費、建設費、ランニングコスト(水光熱費・保全費・一般管理費)、維持更新費(修繕費・更新費)、廃棄処分費である。ライフサイクルコストに占める割合は、企画・設計費〇・四%、建設費一四・八%、ランニングコスト五六・五%、維持更新費二七・二%、廃棄処分費一・一%となっている。(建設経済研究所・建設物価調査会総合研究所、二〇一二)
(23) 道路統計年報二〇一三より(国土交通省、二〇一三)
(24) 平成二四年の市町村数によると平成二四年現在で一七一九の市町村がある。(総務省、二〇一四b)
(25) 金額は平成二三年度の当初予算額(国土交通省、二〇一二a)
(26) Public Private Partnership の略。官民パートナーシップ、公民連携とも言われる。公民が連携して公共サービスを提供する手法の総称。
(27) 国が推奨するエリア・マネジメントの活動および各種支援については国土交通省(二〇一〇)を参照されたい。
(28) 都市再生特別措置法に関する資料としては国土交通省(二〇一二b)に、また都市再生整備計画を活用したまちづくりに関する説明、資料は国土交通省のホームページにまとめられている(国土交通省、二〇一四c)。
(29) 海外のBIDの事例についてはアメリカやイギリスでの事例がよく知られている。興味のある方は保井(二〇〇五)や自治体国際化協会(二〇一一)などを参照されたい。
(30) 大阪市(二〇一四)
(31) 岩手県矢巾町(二〇一二)
(32) バックキャスティングのことであり、読み飛ばした方は第4章を参照されたい。
(33) 第3章にて言及されている「熟議民主制」を参照されたい。
(34) Plan(計画)→Do(実行)→Check(評価)→Act(改善)の循環によって計画の進行管理を行うこと。

# 第8章　森林管理からみるフューチャー・デザインの必要性
## ――林業と木材利用を中心とした日本の現状

渕上ゆかり

## 1　森林について知る

### 日本における森林と人の関係

森林とは樹木（主に高木）が群生して大きな面積を占めている場所、およびその植物群落をいう。太古の昔から、森林は人と共にあった。森林は食物や木材を得る場所として、ある時は雨風から身を守る住居として、ある時は畏怖の対象として様々な意味を持って利用されてきた。また、「日本の田舎や自然」と聞いて思い浮かべるもの、その原風景には必ずと言ってもよいほど森林の絵が描かれるだろう。このように森林（山林）は様々な機能（多面的機能）を持ち、そこには直接的な利用方法以外に景観面や伝統文化、そして心の拠り所としての存在価値も含まれる。つまり、森林は人間にとって未来に残すべき価値のあるものである。

それでは本書の随所に記されている「フューチャー・デザイン」という考え方は、森林に対してどのような役割を担うのだろうか。私が考えるのは、「将来あるべき森林の姿を超長期的視点から設定し、そこから現在に遡り、いまどのような選択をすべきかを議論し実行する」ための手段としての役割である。この手段を行使する機関としての「将来省」や「将来課」は政策立案やその実施のための調整機能を担い（第2章）、バックキャスティングはそのための手法である（第4章）。ではどのような将来像を森林に対して持てばよいのだろうか。ここで、「森林美学（forest aesthetics）」という学問分野を紹介したい。これは、森林を審美的な側面から取り扱う分野であり、一九世紀後半のドイツにおける「人工林施業における経済的利益の追求と美しい森林をつくることは基本的に調和する」という考え方に基づいている。その後日本では、これらのドイツの「森林美学」に影響を受けつつも、日本の森林を対象とした独自の「森林美学」が論じられた。一九一八年に北海道大学の新島善直氏と村山醸造氏によって記された『森林美學』では、人工林施業だけにとどまらず天然林にも対象を広げ、全ての森に特有の美しさがあると論じた。その美しさの中には、景観的なものだけでなく生態系の充実性も含まれている。例として、長野県の赤沢自然休養林を挙げてみよう。もともとは伊勢神宮などの御神木・建築用材を産出する森林地であり、日本における森林浴発祥の地とされるこの森林は、現在も原生林のように豊かな生態系を形成している。つまり、経済的利益（主に人工林）、景観、生態系保全（環境保全）の全てが調和することによる美しさである。

このような森林を、日本の森林の将来像として本章では位置付けたいと思う。

## 森林の多面的機能

日本は国土のおよそ三分の二が森林に覆われており、私たちは森林の恩恵を生活の様々な場面で受けている。表8-1は、林野庁によって定義されている森林の機能一覧である。各機能は大きく八つに分類され、さらに細かく分けられる。これを「森林の多面的機能」と呼び、いずれの機能も私たちの生活の基盤を支え、充実させる重要なものである。つまり森林がなくなると、様々な問題が起こるとも言い換えられる。人類は、何十億年の歳月をかけて編み上げられてきた地球のシステムに依存していかなければ生きていけない。たとえばこの中で近年地球温暖化対策として注目されている、森林の二酸化炭素吸収機能について見てみる。森林は光合成によって大気中の二酸化炭素（$CO_2$）を吸収し、酸素（$O_2$）を大気中に放出する機能がある。森林総合研究所の二〇一〇年の発表によると、樹木の種類や環境要因によって異なるが、適正に管理された四〇年生のスギ一ヘクタールは一年間に約八・四トンの二酸化炭素を吸収すると試算されている。このような森林の持つ仕組み、膨大な量の炭素を固定する機能を完全に代替することは現在の科学では不可能である。だから、私たちは森林の機能に頼らなくてはならず、森林を保全する必要性がある。

**表 8-1　森林の機能一覧　林野庁 HP より引用**

**生物多様性保全**

- 遺伝子保全
- 生物種保全
  - 植物種保全
  - 動物種保全(鳥獣保護)
  - 菌類保全
- 生態系保全
  - 河川生態系保全
  - 沿岸生態系保全（魚つき）

**地球環境保全**

- 地球温暖化の緩和
  - 二酸化炭素吸収
  - 化石燃料代替エネルギー
- 地球気候システムの安定化

**土砂災害防止機能／土壌保全機能**

- 表面浸食防止
- 表層崩壊防止
- その他の土砂災害防止
  - 落石防止
  - 土石流発生防止・停止促進
  - 飛砂防止
- 土砂流出防止
- 土壌保全（森林の生産力維持）
- その他の自然災害防止機能
  - 雪崩防止
  - 防風
  - 防雪
  - 防潮など

**水源涵養機能**

- 洪水緩和
- 水資源貯留
- 水量調節
- 水質浄化

**快適環境形成機能**

- 気候緩和
  - 夏の気温低下（と冬の気温上昇）
  - 木陰
- 大気浄化
  - 塵埃吸着
  - 汚染物質吸収
- 快適生活環境形成
  - 騒音防止
  - アメニティ

**保健・レクリエーション機能**

- 療養
  - リハビリテーション
- 保養
  - 休養（休息・リフレッシュ）
  - 散策
  - 森林浴
- レクリエーション
  - 行楽
  - スポーツ
  - つり

**文化機能**

- 景観（ランドスケープ）・風致
- 学習・教育
  - 生産・労働体験の場
  - 自然認識・自然とのふれあいの場
- 芸術
- 宗教・祭礼
- 伝統文化
- 地域の多様性維持（風土形成）

**物質生産機能**

- 木材
  - 燃料材
  - 建築材
  - 木製品原料
  - パルプ原料
- 食糧
- 肥料
- 飼料
- 薬品その他の工業原料
- 緑化材料
- 観賞用植物
- 工芸材料

## 森林破壊の現状

　私たちが自然界から与えられる環境資源には、森林、水、魚などの再生可能資源（renewable resource）と、鉱物や化石燃料などのように人間の利用速度以上の速度では再生されない枯渇性資源（non-renewable resource）とがある。再生可能資源とはまさに「再生が可能」な資源であり、再生可能な範囲内で利用していくのであれば、一定の周期で持続的に環境資源としてのサービスを享受することができる。「再生可能資源をどれだけ利用すれば、人間社会にとっての利益が最大限になるのか」を考えて計画的に資源を利用することが重要であり、再生可能な範囲を超えて、過剰に利用してしまうと資源の枯渇（森林であれば森林破壊）を招いてしまう。これらのことを踏まえて、森林破壊の現状について考えてみる。

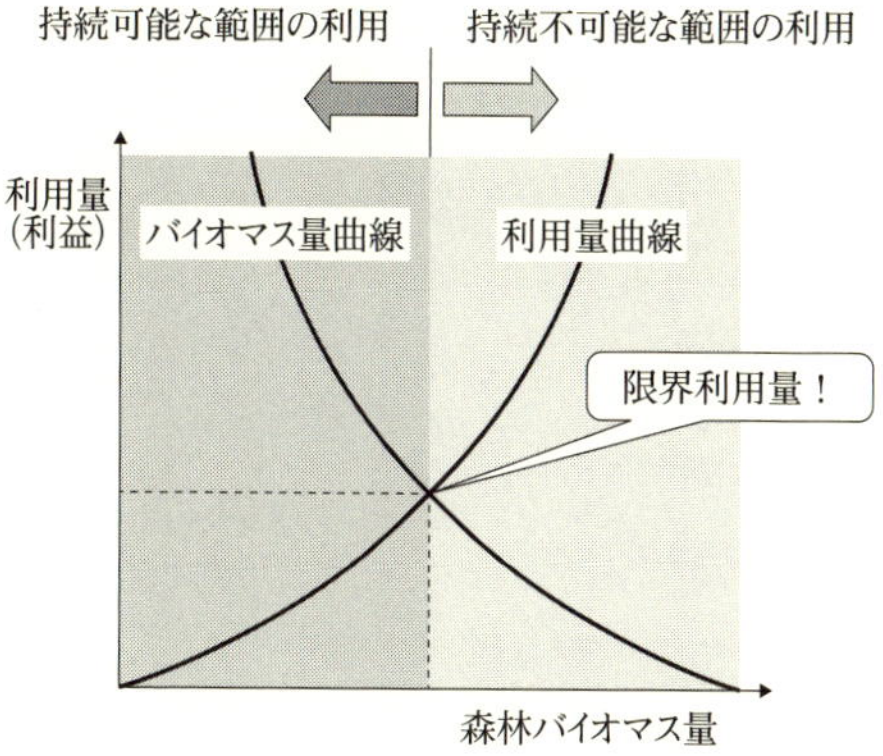


図 8-1　持続可能な範囲の利用

　ＦＡＯが五年おきに行っている世界の森林資源評価によると、二〇〇〇年から二〇一〇年までの森林の消失速度は、一年あたりおよそ五二一万ヘクタールであった（FAO, 2010）。この面積は東京ドーム約一一一万個分であり、一日に東京ドーム三〇〇〇個以上の面積の森林が消失しているといえる。その原因はほとんどが燃料としての木材伐採、農業関係（農地拡大・焼畑等）や都市化による土地利用の改変であるといわれており、偶発的なものでいえば森林火災や戦争（ベトナム戦争時の枯葉剤散布など）も挙げられる。これらは人間の経済規模の拡大、人口増加、科学技術の発展の結果でもあるため、全てを否定することはできないが、人間による過剰利用や環境負荷が森林減少を生み出したのは間違いのない事実である。

## 木を伐ってはいけない？

それでは、木は伐ってはいけないものなのだろうか。答えは「否」である。前述したように、森林は光合成によって大気中の二酸化炭素（$CO_2$）を吸収し、酸素（$O_2$）を放出する機能がある。一方で、樹木の中に一旦固定された炭素（C）は、樹木が伐採・加工され建築の材料や家具、あるいは紙製品などに形状を変えてしまってもそのまま固定され続け、最後に焼却されることでようやく大気中に再び放出される。このため、木材とは炭素の塊であり、木材製品を長く大切に使うことは地球温暖化防止に貢献する。

林業について、炭素固定の効率面から考えてみよう。図8-2のグラフのように、若齢段階の森林は年間炭素固定量（二酸化炭素吸収量）が多く、光合成によってどんどん幹を太らせ枝葉を伸ばしていくが、成熟段階になると年間炭素固定量は衰えを見せ、老齢段階ではほとんど固定しなくなってしまう（幹や枝の生長が止まってしまうため）。光合成による生長がほとんどなくなった老齢段階の森林では、呼吸による二酸化炭素の吸収と排出が釣り合った状態になっているということである。森林は老齢段階になっても炭素の貯蔵庫であり続けるが、大気中から二酸化炭素を吸収する役割は一定の樹齢までしか担うことはできない。このため、森林を二酸化炭素吸収源として最大限に利用しようと考えれば、成熟段階に差し掛かった頃に伐採し、伐採した木材は製品としてできる限り長い期間利用すること、伐採の跡地には再び植林を行うことが最も効果が高いことになる。

ただし成熟した森林には、屋久島や白神山地のように世界自然遺産に登録されるような何物にも代えがたい価値を持つものもある。森林には他にも期待される機能があるため、炭素固定機能だけを重視した森づくりを行うことはできない。全ての多面的機能を客観的かつ総合的に考慮した上で、バランスの取れた方法をとることが重要である。

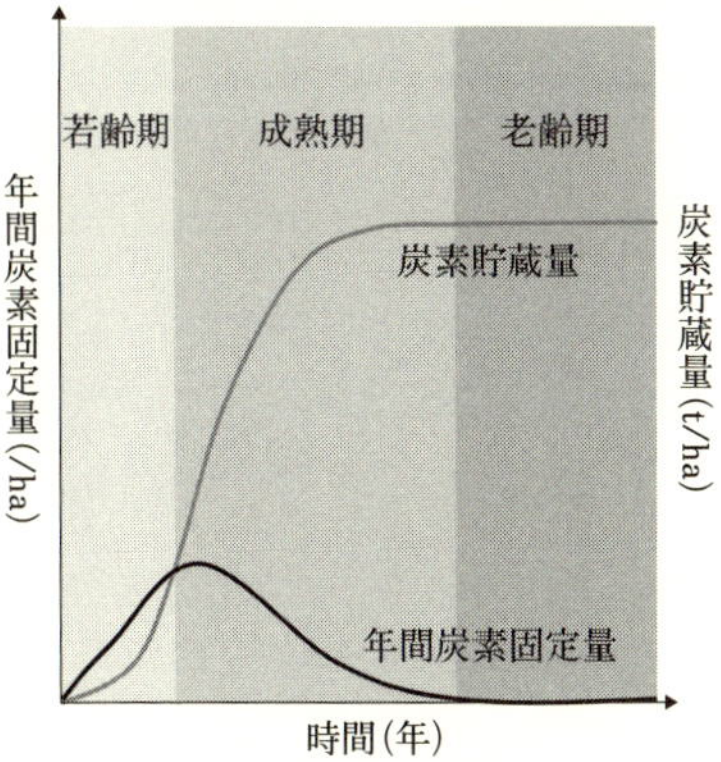


図 8-2　樹木の成長段階における炭素貯蔵量と炭素固定量の模式図

## 2　森林を利用する

### 日本の林業の現状

次に、日本における林業のしくみについて見ていく。

林業とは森林を利用し林産物を生産する一次産業のことをいう。日本の国土のおよそ三分の二が森林によって覆われているが、そのうちの約五割が天然林、四割が人工林、そして残りの一割が竹林や無立木地（伐採

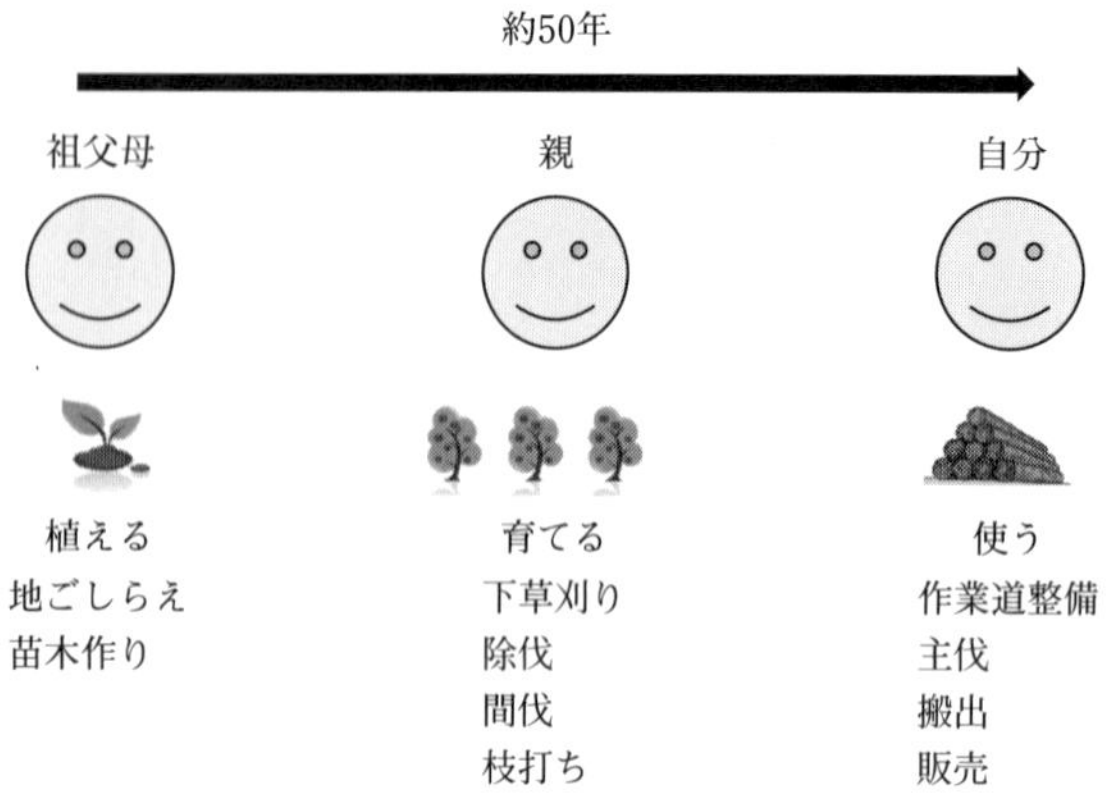


図8-3　林業の世代別作業例

跡地等）である。人工林とは、もともと森林ではなかった土地や天然林を伐採した跡地に、木材を生産する目的で人間が植林を行なった森林のことをいう。最も多く植林されているのはスギで、次がヒノキであり、日本の林業は主にこの人工林を対象に行う。また、山に生えている木を伐って、木材として出すことだけが林業ではない。苗木を植えること、そして木材として利用できるサイズまで育てる「育林」も、林業の大事な仕事だ。植林した木材を伐採し収穫できるまでにかかる期間は、樹種や地域、伐採した木材の用途によって異なるが、最低でも四〇～五〇年程度はかかる。つまり図8-3のように、現在収穫期を迎えている人工林の樹木は、私たちの祖父母の代が植えた苗木を親の世代が保育したものなのである。農業や漁業などの他の一次産業や、商工業、サービス業などと異なり、林業は何世代にも渡る長期的なサイクルで資源とお金が循環する産業なのである。収穫して利益を得ることばかり考えると、そのつけは子どもや孫の代に降りかかるだろう。

まずはスギ・ヒノキの人工林で行われている林業施業を例に、具体的な林業の現状をみていこう。現在の日本の森林の所有形態を見てみると、三一％が国有林、一一％が都道府県や市町村が所有する公有林、五八％が個人や民間企業が所有する私有林である（林野庁、二〇一三）。木材が森林所有者から市場に出ていくには、大きく分けて三つのルートが存在する（図8-4）。まず、森林所有者自身が「林業家」として保育・伐採・搬出までを行う例がある。二つ目は、森林組合という組合に所有者が加盟し、間伐・伐採・搬出を委託する例である。面積が広い場合は、森林組合の職員だけでは手が足りないので、森林組合が素材業者を雇用する形で施業が行われる。そして三つ目は、素材業者が所有者に直接掛け合い、立木の状態で木材を買い取り、伐採・搬出するルートだ。現在は森林所有者の高齢化が進んでおり、後の二つのルートが主になっている。伐採された木材は、太さや年輪の詰まり具合、曲がっているかどうかなどによって分けられ、様々な製品の原材料になる。通直・完満（真っ直ぐで先細りしていない）な木材は建築材料用の原材料

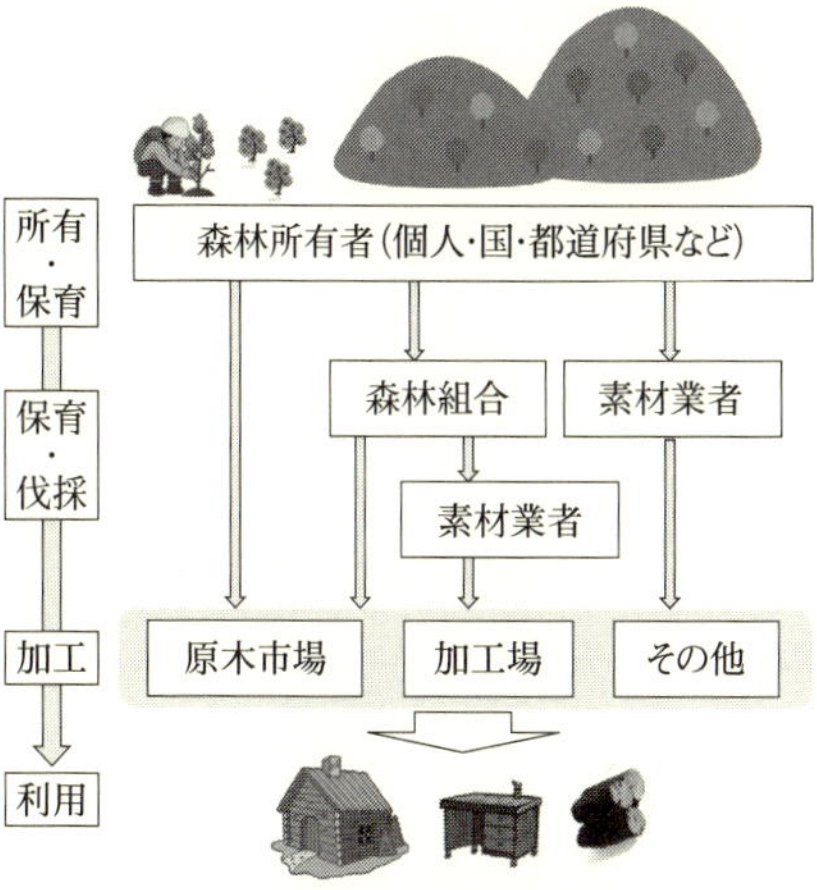


図8-4　林業の流れ

として比較的高い値段で取引される。建築材料用に向かない木材はチップになり、紙の原材料や燃料として取引される。木材の加工・流通の過程はそれぞれの用途で多岐にわたり、沢山のプロセスを経て私たちのところに辿り着いているのだ。

次に、広葉樹における林業の状況を見てみる。大部分が天然林の広葉樹に関しては、針葉樹のような画一的な施業ができない。林野庁（二〇一三）によると、広葉樹材の需要は、製材や合板、木材チップなどの加工原料としての用途（用材）と、しいたけ原木等としての用途に分けることができるが、そのうちの九五％がパルプ・チップ用である。建材として利用可能な物は木材市場へ、しいたけ原木用の材は各企業へ、そしてパルプ・チップ用の木材は直接工場へと輸送される。成田（一九八〇）によると、広葉樹がパルプの原木として使用されるようになったのは一九五〇年代後半で、それを後押ししたのは一九六〇年代に始まった「燃料革命」による木炭生産の衰退である。しかしながら一九九〇年代以降、紙パルプ資本は広葉樹を中心とした輸入チップの利用体制が構築され、国内資源基盤の位置付けを弱め現状に至る（伊藤、二〇〇四）。

## 現在の林業経営の問題点

それでは私たちは、年間どれだけの木質資源を利用しているのだろうか。木質資源とは、たとえば我々が利用している紙や木材のこと、そして他にも我々の目に留まらない場所で火力発電の燃料とされたり、薪や炭として燃料利用されていたりもしている。このように、我々の生活は様々な木質資源によって支えられているのだ。では、この木質資源を供給している林業が、様々な理由から経営難になり、林業従事者が減少しているという現状をご存知だろうか。図8-5を見てみよう。我々世代（現代世代）が森林の管理を行わないことで、未来世代は現在と同レベルで木質資源を使うことはできなくなるだろう。逆にいうと、我々の親世代、そして祖父母世代がきちんと森林を守り育ててくれてきたからこそ、我々は木質資源を現在使うことができているのだ。次に、林業不振の四要因を見ていこう。

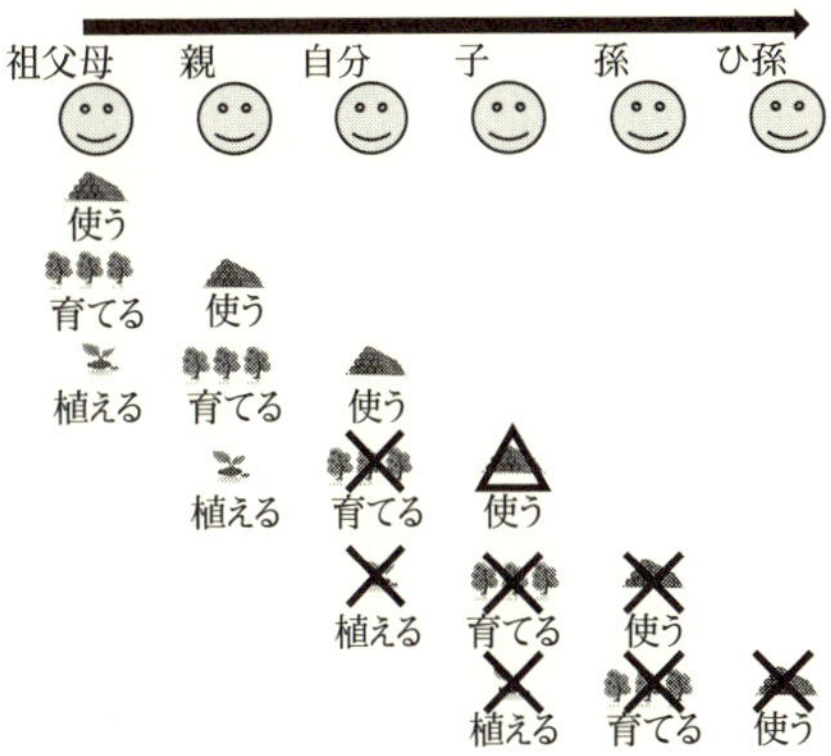


図8-5　林業における現代世代が将来世代に与える影響

**①　自然を相手にするということ**　林業は気象条件や土壌の質、樹木の遺伝子的個体差、天災や虫害などの影響を大きく受ける。また、農作物と異なり育成期間が長いことも、木材価値が損なわれるリスクを高めている。針葉樹の人工林における、一つの例を挙げてみよう。木材を生産する過程で、「枝打ち」という作業がある。枝打ちとは、樹木の枝を幹から切り落とす作業のことを指す。樹木の枝の部分は、製材した際に節として現れてしまう。節は抜け落ち（抜け節）たりする可能性があり加工に向いておらず、また美観の面からも好まれないことが多い

ため、なるべく節の少ない木材が市場では好まれる。育成段階で枝打ちをしっかりと行うことで、製品の表面に節の少ない美しい木材を作ることができる。しかしいくら気をつけて枝打ちをしたとしても、生きている樹木に傷をつけていることには変わりはない。枝打ちがされた部分の上にうまく年輪が重なっていけばよいが、その際に樹皮を巻き込んでしまったり、水が溜まって腐ってしまったりする可能性がある。その場合、どんなに太く成長した樹木でも商品価値は大きく損なわれてしまう。他にも、虫が媒介してカビやシミができてしまうこともあり、約五〇年の保育期間に要した資金が無駄になってしまうこともある。

**②　外国産材との競合**　日本は森林が国土の約三分の二を占めている森林大国だ（図8-6）。しかし実際のところは、日本の木材自給率は二七・九％しかない（平成二四年度）。これだけ広大な森林があるにも関わらず、どうして国産材が利用されないのだろうか。まずよく聞かれるのが、「安価な外国産材との競合に負けた」「日本の山林は急峻な地形であるため、高性能林業機械の導入が進まない」などの理由だ。しかしこれらの理由には少し誤解があることを知ってほしい。

まず、「外国産材（以下、外材）との競合」について見ていこう。外材が日本に輸入されるようになったのは一九六〇年代に国内において木材不足が深刻となったためであり、当時の外材の価格は実は国産材よりも高かった。その後、一九八〇年代に訪れた円高などの影響もあり、一時期外材の方が安くなった時期もあった。しかしながら外材の価格だけでなく国産材の価格も下がっていき、現在すでに日本のスギ材の方がベイツガ（外材の代表格）より安くなっている。それではなぜ、日本で使用されている木材の大半が外材なのだろうか。それは外国の方が加工・流通システムが効率的であり、製品の品質の安定性や入手の容易さといった点で、外材製品が優れているという状況があるからだ。ただし、近年は日本国内にも大規模な製材所が増えてきており、品質管理や流通が改善されてきているので、今までよりも入手しやすくなってくるだろう。また日本では、海外からの木材輸入にかかる際の関税が存在しないことも一つの要因だ（日本では関税がかからないが、輸出国側が輸出製品にかけることはある）。近年、農業におけるＴＰＰ（環太平洋パートナーシップ）導入問題がテレビで盛んに取り上げられているが、実は木材は一九六四年に輸出入の自由化、つまり関税はすでに撤廃されているのだ。少し状況が異なるのは、紙・パルプ産業である。主に広葉樹が使用される紙・パルプ産業が外材に依存している理由は、針葉樹が主の建材以上に明確である。なぜなら日本の製紙会社が海外で植林を行い、それを輸入利用しているためである。海外では比較的ま

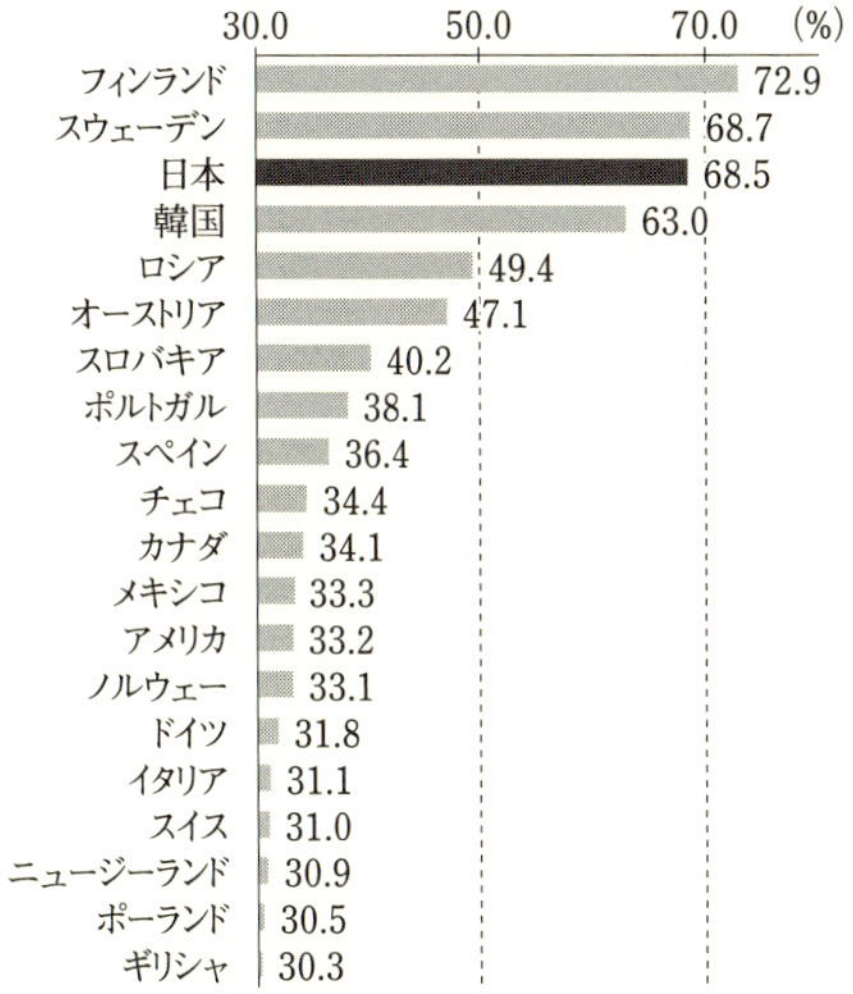


図 8-6　国土面積に占める森林面積の割合（出典：FAO（2010）より著者作成）

とまった面積の平坦な土地を確保しやすいことから、作業の効率化が図れるだけでなく生長の早い樹種（ユーカリ・アカシヤなど）を植林でき、さらに人件費も低く抑えられるというメリットがあるためである（上河、二〇一〇）。平成二三（二〇一一）年におけるパルプ・チップ用材の需要量（丸太換算）は日本における木材需要量の四四％を占めているが、そのうちの七〇％が輸入チップである（林野庁、二〇一三）。この状況が日本の木材自給率を大きく引き下げる一因となっている。

次に、「日本の山林の急峻な地形と高性能林業機械」について見ていく。山林の斜面は、三〇度以上の傾斜になると急峻であると言われ、日本の山林は確かに急峻な場所が多くなっている。さらに、現在日本に輸入されている高性能林業機械の一つである「ハーベスタ」などは、平地での作業を想定して作られているため日本の林地では全ての機能を使いきれていない。しかしながら近年輸入されてくる外材の産地を見ると、オーストリアやスイス、ドイツ南部などの欧州の国々は、日本同様に急峻な林地をもつ（林野庁、二〇一三）。つまり外国の林地では、急峻な斜面でも効率的に作業を行うことができる生産体制が整っており、生産効率を上げることができているのだ。また、日本性の高性能林業機械を製作する企業も出てきており、現在は少しずつだが状況も変化してきている。

③　**補助金問題**　現在の日本の林業は、補助金なしには成り立たないと言われている。平成二三年度の森林法改正により森林計画制度が大きく見直され、平成二四年度から「森林経営計画」と呼

ばれる制度が新しく取り入れられた。この制度は森林施業を集約化することにより、合理的な路網整備や機械化、効率的な施業を進めることを目的としている。しかし、この制度にもいくつかのデメリットがあった。一つ目は、補助金を受け取ることができる人が限定されたことである。この制度では、施業面積が五ヘクタール以上で、一ヘクタール当たり平均一〇立方メートルの材を搬出することが条件になっている。このような条件により森林組合や素材業者による施業の集約化が推進され、小規模自伐林家は補助金を受けにくくなった。二つ目は、伐採箇所がより限定されてきたことだ。施業地の平均搬出量が定められたことにより、急傾斜地や奥山のような不採算林は施業の対象となりにくくなった。

この他にも、補助金の存在には色々な問題がある。森林施業の段階では補助金は人件費・作業費の不足を補う大事な収入源だが、市場では補助金の存在が「買手のモラル」を低下させる可能性を秘めている。たとえば、森林組合によって伐採された材は一般業者の材よりも生産時の費用に対する補助金が多くなっているため、多少安く買いたたかれたとしても経営には大きく響かない。このような状況下では、買手側は森林組合の木材に対し高値を付ける必要性を感じず、結果として最低価格でしか買い取らない傾向が現在の木材市場では見られる。もう一つ特筆すべき事柄は、現在の補助金は基本的に木材を生産する作業に優先的に出され、森林管理（間伐・枝打ち・造林等）は後回しにされていることだ。林業とは、木材を生産するだけが仕事ではなく、森林管理の期間は主に森林所有者が世話をすることになる（図8-4）。だが、個人の私有財産である森林の管理に対して、税金を源とする補助金を使用することは困難であるという現状もあり、私有林の管理は極めて困難な状況である。

④　**人手不足**　上記の三点の問題点から、林業収入は低い上に不安定であり、就業者はどんどん減っている。現在、林業は深刻な後継者不足に陥っており、日本の山々には放置林・放棄林が増加している。これまで林業を担ってきた人々は高齢になってきている。しかし、子供世代や孫世代は収入の低い林業を継ごうとはせず、親世代もそれを望めなくなっている。国有林に関しても森林整備に関わる財源が不足していることから、現場作業職員に人件費を割く余裕がない。

①を除く、他の三つの問題が現れたのはいつ頃なのか。直接的なきっかけとしては、恐らく一九六四年の木材輸入の自由化が決定した時だろう。つまり重要なのは、木材輸入の自由化が行われた時に、このような状況を誰が正確に予想しえたか、ということである。外材の価格の下落に合わせて国産材の価格が低下してしまったこと、そしてそのまま価格が回復していないこと、それらが林業の収入を低くすること、そして就業者が減ってしまったことだ。現在の林業は政府の政策（輸入政策や補助金）に合わせて動くしかなく、需要が存在しても補助金による援助がないと林業従事者は動くことができない状況にある。それに対し外材は高い生産性と加工・流通システムの確立を武器に、原材料である材の価格は高くとも、商品として消費者に届く価格を低く抑えることに成功し

ている。根本の問題は、広い視野で先の先を読んだ政策の決定をしなければ思ってもみないところに大きな影響が表れてしまう点、これが②〜④の問題を引き起こした、いわば「林業不振の五つ目の要因」だ。戦後の高度経済成長期の森林政策において、フューチャー・デザイン的視点が欠如していたために、現在のような森林状態になったのではないか。誰が日本の森林の荒廃を予想しただろうか。誰が伐期を過ぎたスギが飛ばす花粉が、多くの人を花粉症にすると想像しただろうか。これから重要なのは、政策を決定する前だけでなく、政策執行後も継続的に様々な視点から将来世代における弊害をモニタリングしていくことだ。そして状況に応じては、法を改正してでも状況改善に努めることが必要になってくるだろう。

## 木材の有効利用

**①木材を利用する価値**　金属やコンクリート、プラスチックなどの加工が容易な材料が身の回りにあふれているにも関わらず、あえて木材を利用する意味とは何だろうか。まずは機能面での長所が挙げられる。木材を使った製品は軽量かつ高強度であり、吸湿性を持つことで湿度を安定させる機能を持つ。これらの長所が最もよく表れるのが住宅だ。室内の湿度が高ければ水分を吸収し、低ければ水分をはき出すため、冬も適度な湿度が保たれる。この調湿作用はカビやアトピーなどの原因となる結露を防ぐ。木材を表面に使った建築物がインフルエンザの感染率を低下させたという研究結果も出ており（橋田、二〇〇四）、木を活用した学校施設の整備が文部科学省でも進められてい

る（文部科学省、二〇〇七）。

そして環境配慮の側面、伝統・文化的な側面というものが挙げられる。環境面への貢献可能性については前述したとおりであるが、伝統・文化的側面の長所の例としては以下が挙げられる。

- 人と森林の共生の文化を維持する。
- 歴史的建造物などに利用されており、文化財維持に必要不可欠である。
- 感触や見た目に暖かみがある。

欧米の石造りの文化に対し、日本は木材建築の文化を持っている。たとえば七世紀初期に建築された奈良県の法隆寺は、現存する世界最古の木造建築物群と言われている。木材建築は日本の伝統的文化であると共に、長期的に利用されることが可能なだけの機能を兼ね備えているといえる。前述したように、木材とは樹木が光合成によって吸収した炭素を樹体として固定したものであり（炭素固定）、木材のままで長期間利用し大気中に炭素を放出しないことが環境保全になる。

このような面から、木材の利用量は減少するとしても消滅することはなく、日本の伝統的建築は環境に優しいと言えるだろう。

**②環境に配慮した利用方法**　身近なところでの木材の使用方法といえば、家の柱や床板、あるいは

お店のカウンターの広い板などが思い浮かぶだろう。これらは木材のシンプルで代表的な使い方であるが、このような形で木材が私たちの身の回りに届いて使用されるまでには多くの「端材」が発生する。まず、森林で樹木を伐採し丸太の状態にするところで、枝や樹木の先端部分が端材として残る。これは森林にそのまま放置されて利用されないことが多いので、未利用材と呼ばれる。また、間伐材も未利用材の一種だ。次に、丸太が製材所に運ばれて製材機（帯状になっているノコギリ）で加工され四角い柱や板になるときに、かまぼこのような形をした切れ端やノコギリで引いたおが屑などの端材が発生する。このように、森林に立っていた樹木が私たちの身の回りで柱や板として使用されるまでには、製品になった量の数倍の端材が発生している。

これらの木材製品として利用できない間伐材や端材、あるいは使用済みとなった木材製品の廃材を、加工することによって新たな木材製品として生まれ変わらせる「マテリアル利用」、そして燃料として利用する「エネルギー利用」の二つの利用法について、以下で見ていこう。

【マテリアル利用】

端材を有効に利用するための方法として近年注目を集めているのが、エンジニアリングウッドと呼ばれる木材製品だ。そのまま柱や板として使用できない寸法・質の木材を上手に加工することによって、間伐材や端材も立派な木材製品として使っていくことができる。また現在も木材需要の大半は建築材としての利用であることから、これらの分野の技術開発・発展は重要な課題である。

まずは、単板（木材の年輪にそって巻紙を広げるように薄く剝いで作られた薄い板）を重ねて接着する合板と単板積層材がある。住宅や家具類の面材として多用され、比較的安価で製造が容易である。そして、ひき板または小角材（断面寸法の小さい木材）を修正接着した集成材。生産工程において原材料を選別することによって強度が調整でき、通常の木材では得られない大きな断面のものや、湾曲した形状のものを作ることができる。特に直交集成材（集成材を層ごとに直交するように重ねて接着した大判のパネル）は、寸法安定性が高く厚みのある製品であることから高い断熱・遮音・耐火性を持ち、建築材として海外で多く使用されている。日本でも二〇一四年一月にＪＡＳ（日本農林規格）が施工され、普及体制が整い出した。そして木材の切片や破砕片の小片を主原料とし、合成樹脂接着剤を用い熱圧形成されたパーティクルボードや、蒸解した木材繊維を接着剤と混合し熱圧成型するファイバーボードがある。

【エネルギー利用】

一九六〇年代にエネルギー革命が起こるまでは、木質バイオマスの主な利用方法は薪炭材としての利用だった。現在でも発展途上国における木材利用の大部分が、薪や炭などの燃材利用だ。しかし先進国では燃料革命後、原油や天然ガス、石炭などの化石燃料が主要な燃料として世界中で利用されている。化石燃料が、燃焼の際に大量のＣ$O_2$を発生させることはご存知だろうか。また、化石燃料は枯渇性資源にあたり、近い将来使い切ってしまうと概算されている。そこで注目されているのが、木質系バイオマスの燃料としての利用だ。木質バイオマス燃料はカーボンニュートラルであるため、化石燃料の代替品として利用することで$CO_2$削減に貢献できる。間伐材だけでなく木屑や枝葉が利用できることから、環境に優しい燃料として注目を集めている。

森林施業時の枝葉などの未使用部分や林地残材、マテリアル利用時に発生する製材副産物、建築廃材などの有効利用としては、木質ペレットがよく知られている。これらの未利用材を粉砕し、圧縮成形することで作られる小粒の固形燃料は、ペレットストーブ、ペレットボイラー、吸収式冷凍機の燃料として用いられている。同様の燃料利用として、バイオコークスという燃料も登場した。近畿大学理工学部と大阪府森林組合、株式会社ナニワ炉機研究所によって開発された、間伐材を含むすべての木質系バイオマスを原料に、乾燥・加圧・加熱・冷却工程を経て作られる次世代燃料である。高い硬度と大きい比重を持ち、高温で安定した燃焼を行えるため、石炭コークスやその他化石燃料の代替として大きな可能性を持つ。また、バイオエタノールやメタン発酵、ガス化発電なども木材の分解利用として注目されている。

このように端材の有効利用を行うと共に木質バイオマス燃料を利用することで、化石燃料の利用による二酸化炭素の排出を減少させることができる。しかし現在の生産状況では、木質バイオマス燃料は化石燃料よりもコストパフォーマンスが低い（価格が高く熱量は低い）のは事実だ。今後の導入促進のためには環境面だけでなく、経済面・効率性などの色々な視点からの検討が必要となる。

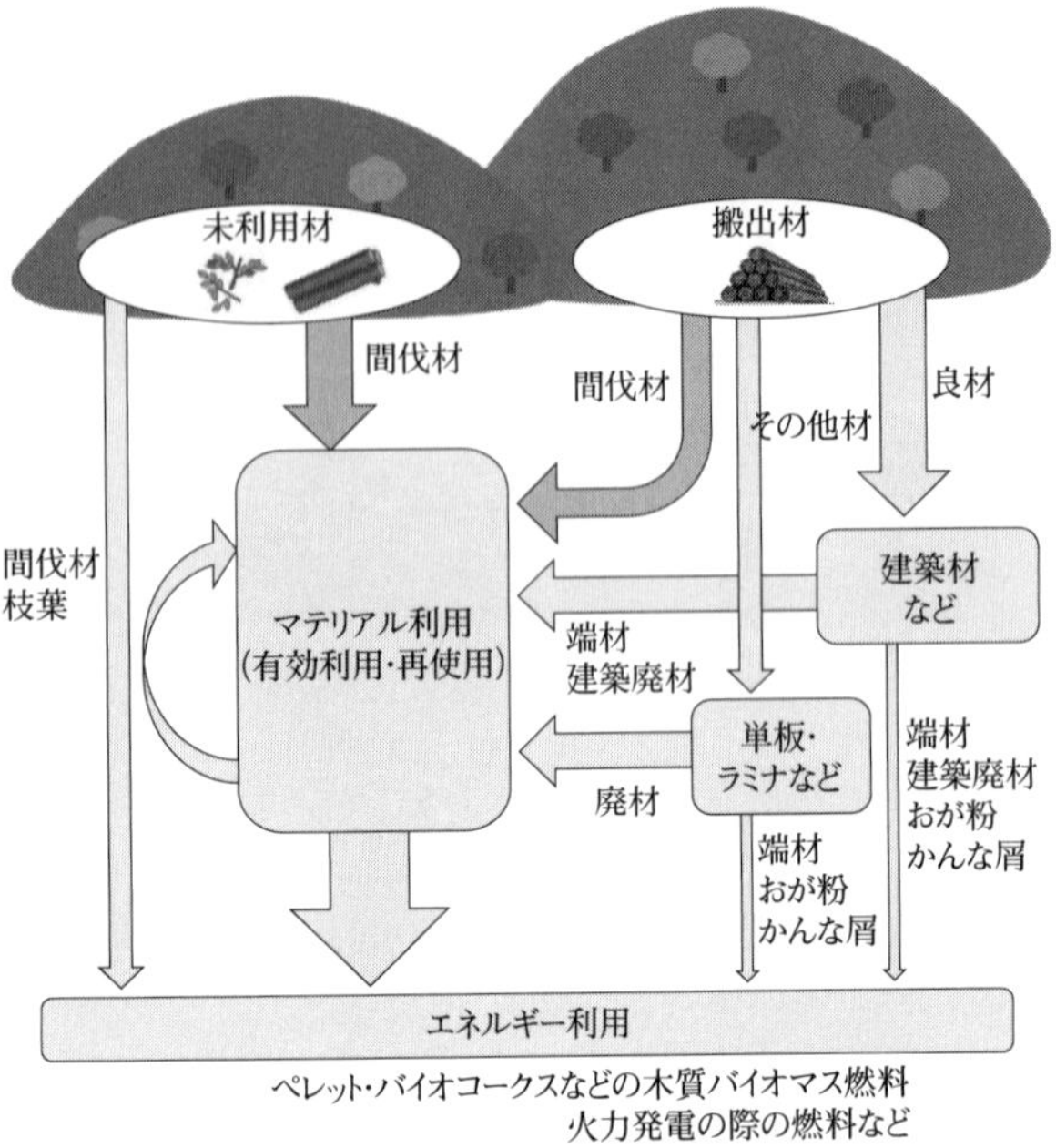


図 8-7　森林資源のカスケード利用例

とは言っても、木質エネルギーの利用は林産業の副産物であるということを忘れてはいけない。木質バイオマスとは炭素の塊であり、燃焼せずにそのままの状態で長期間維持する方法を模索することが、もっとも環境に優しい利用方法なのである。可能な限り何度でもマテリアル利用を繰り返したのちに、最後の利用方法としてエネルギー利用するという考え方を木材のカスケード利用という（図８-７）。つまり、木質バイオマスのエネルギー利用を目的に伐採を行うのではなく、森林施業の工程で発生した間伐材・未利用材・端材（枝葉）や、建築廃材などを有効利用することが目的だ。しかしながら、林業の低迷が木質バイオマスのエネルギー利用の足かせになることもまた事実だ。木質バイオマスの利用技術の開発というと新しいエネルギー源の開発、科学的な視点にばかりに注目が集まるが、実際には林学・経済学・社会学などの視点からも広く考えなくてはならない。

## 林業促進と森林保全活動

ここまで、持続的な利活用が森林保全に繋がると繰り返し述べてきた。ここで、現在の日本で行われている取り組みを紹介する。

行政は森林整備を担う人材育成と共に、木材利用の促進（特に国産材）を促すための法律を制定した。まず、二〇〇二年度補正予算から「緑の雇用担い手育成対策事業」を開始し、林業に関する実地研修等を実施することで新たな担い手の確保・育成と地域への定着を促進した。不況に応じた雇用対策を、労働力不足が深刻な森林整備事業と結びつけた。結果として、二〇〇〇年に二三一四人であった林業への新規就業者数は二〇一〇年には四〇一三人へと増加している（林野庁、二〇一三）。そして公共建築物における木材利用の促進を進めるために、「公共建築物等の木材の利用の促進に関する法律（平成二二年）」を制定し、国が公共建築物における木材の利用の促進の基本方針を策定、「可能な限り、木造化、木質化」を進めるという方向性を明確に示した。このように一般の人々が目にすることの多い公共建造物に木材を使うことで木材利用に対する認識を深めさせると共に、民間の建造物への派生効果を目的としている。

これらの行政政策を支えるために、木材認証制度や木材利用ポイントなどの取り組みも行政主導で進められている。認証制度として、木材が運ばれてきた距離を示すと共に、木材の輸送過程における環境負荷を示す「ウッドマイレージ$CO_2$」や木材のトレーサビリティーの度合を示す「流通把握度」などの指標を用いて環境負荷を評価し認証を行っている。これらの取り組みは国産材の利用促進、および木材の域内利用（地産地消）を促すことと共に、木材輸送におけるエネルギー削減を図るという地域の活性化と環境保全の両立を目的とする。そして木材利用ポイントとは、木造住宅の新築・増築や、既存住宅の木質化工事（リフォーム）、木材製品の購入や木質ペレットストーブ・薪ストーブの購入の際に利用ポイントを付与する取り組みである。これらの利用ポイントは地域の農林水産品等と交換でき、地域材の利用増加と共に農山村地域の振興に繋がることが期待される。

しかし、行政による施業や補助金の範囲内では、日本国内全ての森林を整備することはできない。だが、環境問題に対する意識の高まりを背景に、近年では一般ボランティアなどによる森林整備活動が行われており、環境教育の場としても役立っている。これらは「森林ボランティア」と呼ばれ、市民団体や一般団体、学生達によるサークル活動など、様々なレベルで行われている。作業内容も森林整備から植林活動、自然観察会など多岐にわたり、チェーンソーなどの機器を使う本格的なものから、鉈と鋸での作業まで様々である。

国産材の価値・価格を高め、林業収入を上昇させるためには需要面の改善も必要である。特に、単体で板として利用ができない木質バイオマスの有効利用は直接的に林業収入の上昇に繋がると共に、環境保全にも繋がるため、様々な利用技術の開発が進められている。木材のマテリアル利用としても紹介した「直交集成材」は、建築材としての性能の高さ、および持続可能な木質資源を利用していることによる環境性能の高さなどから、様々な研究機関によってさらなる性能向上や製造・利用の際の合理化を目的とした研究が進められている。現在、利用が徐々に広まってきている新技術としては、木材・プラスチック再生複合材が挙げられる。これは廃棄物として発生した木質原料と、産業廃棄されたプラスチック原料を混合・溶融したのちに成形した材料である。木材の外見とプラスチックの機能を持ち合わせるので防腐防蟻処理などのメンテナンスが不要であり、野外構造物の材料に適している。また、使用後の製品は回収して繰り返し原料として使用できる点も魅力的である。その他にも、木材を化学的、生物的に処理し、セルロースやリグニン成分等を活用するといった木材の新しい利用法の開拓（例：液化・ガス化など）や、病虫害を防ぐための技術（遺伝子的、生態的、施業手法など）の開発が進められている。同時に、効率的な高性能林業機械の使用手法の検討や、衛星画像や地上レーザーを用いた森林調査の手法などといった、林業現場における様々な新しい技術に対する検討も進められている。

このように、一般市民によるボランティアから、研究者による新しい技術の開発まで幅広い活動が行われている。しかしどの活動も普及・効果が出るのに時間がかかり、すぐに森林が回復するといったものではない。自然を相手にするということは、長い時間軸を設定して持続的に取り組まないといけないものなのだ。

## 3　フューチャー・デザインの役割

### 森林資源管理における長期的視点の必要性

林業には「植林は孫の代のため」という言葉がある。これは、現在私たちが利用している樹木は、祖父・曽祖父の代の人たちが植えたものであることに由来しており、先祖が自分たちのために植えてくれた樹木を伐採利用する代わりに、自分たちも未来世代のために植林を行うという長期的な視点からの行為を表している。しかしそれは、生業として森林資源を実際に利用し、経済的影響を受けている人々だからこそ実行できる行為である。私たちは今、自分たちの資産・労力を使って、自分たちのためでなく未来世代のために、樹木を進んで植えることができるだろうか。ボランティア活動に参加して数本だけ植えるのではない、自分たちが使った木質バイオマス資源の分だけ植えるのだ。金銭的・体力的に考えて、それはかなりの作業になることが想像できるだろう。しかし誰かが行わないことには、森林、そして木質資源を未来に伝えることができないだろう。環境・資源保全という視点だけでなく、日本が持ち続けた木の文化を未来に伝えること、これも重要な現代世代の役割だ。

森林にまつわる環境問題は、私たち個人の生活の安全や損得に与える影響がわかりにくいため、早急に解決すべき重要な課題という認識が浸透していないのが現状だ。近年では随分と意識が改善されてきたが、まだまだ早急の問題ではなく「未来の問題」だと思われがちであり、対策は後回しにされがちである。では、どのようにすれば現在、自然環境に対する特別な利害関係を持たない人達（現代世代）が、将来世代のための炭素吸収源や木質バイオマス資源の創出という視点を持ち、自発的に活動を行うことができるだろうか。おそらく、それを自発的に行うことは困難である。本章で述べてきたように、その活動が実際に未来に対して「どのような影響」を「どの程度の規模」で与えるのかという情報が不足しているからだ。さらにいうと、「日本の森林の将来像」自体が不明確であり、その理解にも個人差があることが問題なのである。

思い出してほしいのが、本章の最初で紹介した「森林美学（forest aesthetics）」という思考の枠組みである。新島氏と村山氏によって日本の森林を対象に論じられた、「経済的利益（主に人工林）、景観、生態系保全（環境保全）の全てが調和することによる美しさ」という価値概念は、言い換えると「将来世代の意向を取り入れた将来像」と言える。そこで必要となってくるのが、未来への影響をシミュレーションし、そこから概算して「自分の植えた一本の樹木や節約した一枚の紙」または「自分が無駄遣いした紙などの自然資源」が将来世代に対しどのような意味・効果を持つのかを、一般の人々が理解しやすい具体的な数値等を用いて提示すること、すなわちフューチャー・デザインだ。長期的な目標数値の設定と個々の活動が未来に与える効果を具体的に提示することで、現代世代の人たちの環境対策に対するインセンティブは強化されるだろう。たとえば長期的な森林管理の目標を設定することで、施業における人手不足の解消や管理体制の再考が行われるであろうし、植林効果・環境配慮商品等の利用効果を明示することで、植林活動・環境配慮商品の流通・地産地消が促進される可能性がある。このように、議論のための情報の収集や、将来世代の意見ともいえる「シミュレーション結果」の提示、そしてそれらの意見をまとめて政策への提言としたり、実施のための長期的視点からのシナリオ作りを行う機関として、「将来省」や「将来課」などが機能するだろう。

## フューチャー・デザインを公的機関が行うことに対する期待・必要性

一九九七年に第三回気候変動枠組条約締約国会議（ＣＯＰ３）で京都議定書が採択され、その中で、日本は二〇〇八年から二〇一二年までの期間（第一約束期間）中に一九九〇年ベースで年間の温室効果ガス排出量を六％削減するという目標を立てた。そしてこの目標値のうち三・九％を森林の二酸化炭素吸収機能に期待した。この目標値を達成することは一応できたが、その持続性などの点からはいまだ問題がある。そこで二〇五〇年までに世界の温室効果ガス排出量を五〇％削減することが二〇〇七年のＧ８サミットで議論され、今後は長期的な目標のもとで計画を立てていかなくてはならない（現在ＣＯＰ19で日本は「二〇二〇年に二〇〇五年比で三・八％削減」という新たな目標を掲げている）。

上記のように二酸化炭素吸収源として森林に期待が集まると同時に、森林の手入れが遅れていることも問題にされている。日本の森林の四割は人工林であり、戦後の復興需要によって木材が乱伐された後、跡地に針葉樹が多く植えられたものである。しかし、外国材との競争や木材需要の減少により、国内木材価格が低迷し、現状では国内林業は国や自治体からの補助金なしには成り立たない状況にある。また、国や自治体の財政難から補助金支給も十分ではなく、各地の間伐や枝打ちといった基本的な管理のための予算でさえ不足している。森林は地球温暖化の原因となる二酸化炭素を吸収し固定する機能がある。樹木が最もたくさん二酸化炭素を吸収するのは、若齢のころだ（図8-2）。森林の整備が遅れている現在、森の中には日の光が入らず、もやしのように細った樹木が大部分だ。間伐が必要なのだが、前述のような理由から、全然進んでいない。

また、森林管理・林業経営は計画経済によって成り立っているが、木材の主要な消費先である住宅建築は市場経済の影響を大きく受ける。たとえば、ある区画の森林に対し五〇年で植林・育林・伐採を行う計画を立てていたとしても、その五〇年の間に木材需要が増加し価格が高くなれば予定以上の伐採を要求され、逆の場合は予定通りの量を伐採すると赤字になってしまうかもしれない。日本における建築材需要の流れを変えるには、やはり国が主導で流れを変えるのが最も効率的である。しかし現在、森林保全あるいは木材利用にかかわる政策を実行する省庁は、環境対策は環境省、森林管理は林野庁、住宅建設は国交省というように管轄が細分化されている。同様の問題は紙・パルプ産業においても存在し、それはさらに複雑である。前述したようにパルプ・チップ用材の需要量は日本における木材需要量の四四%を占めているにもかかわらず、そのうちの七〇%が輸入チップである（林野庁、二〇一三）。輸出入を含む企業への対応は経済産業省であるが、環境対策・森林管理は輸入元国の環境関係の省庁であり、その間を繋ぐのは外務省かもしれない。そして海外での植林事業は、途上国における雇用の創出や社会基盤の整備などの意味合いを持つ場合、日本における林業不振だけを問題にして対策を講じることはできないだろう。このようにそれぞれの工程における早急に対処すべき問題は異なり、足並みをそろえて未来のことを考える体制が整っていない。そこで必要とされるのが、包括的に全ての事柄を見通し未来世代のことを考えた政策を立案できる組織、「将来省」や「将来課」なのである。

### 地球の Future を 森林管理の視点から Design してみる

現在、私たちが求めている森林とはどのようなものであろうか。一般の方々にとっては「訪問するのに快適で、平時においては安全（土砂崩れなどの災害の危険性が低い状態）で生態系の多様性が高い森林」ではないか。対する林業従事者および関係者にとっては、「経済性が高く、平時においては安全な森林」であろうか。これらを実現するための方法は、言うだけならとても簡単であるので言ってみよう。林業を活性化させることで森林を健康な状態に維持できるサイクルを確立すれば、本章の最初に述べたような「経済的利益、景観、生態系保全（環境保全）の両立」を実現させることが可能である。林業というのは林業従事者にとっての収入源であると共に、一般の人が望む森林像を実現するための重要な手段なのである。そのことを念頭に置いて、短期的視点として「林業による経済活性（林業の再興）」を、中・長期的視点として「林業による環境保全」を持って取り組んでいかなくてはならないと考える。

さて、ここで筆者が考える、「フューチャー・デザインによる日本における森林管理」の取り組み案を一つ提示してみよう。森林管理が補助金なしに成立できないのは、林業が生業としての力（収入）を持っていないことが一番の原因である。その背景には、木材価格・価値の低下、林業の過酷さ、そして近代化による生活空間の変化により山林を身近に感じることが減ってきたことがある。しかしながら、森林管理は居住地域に関係なく、全ての人に関係のある問題である。山は水を貯え川にして流し、樹木は炭素を固定し酸素を放出する。森林という場所は生物多様性の保全だけでなく文化的な意味を持ち、そして林産物は人間社会を物理的に支えている（表8－1参照）。私たちは皆、何らかの形で森林の恩恵を受けているはずである。森林管理は世代、地域などを超えた、国民共通の課題なのだ。

それでは、私たちはどのようにして日本の森林を守っていけばよいのだろうか。一九九二年にブラジルのリオデジャネイロで開催された「国連環境開発会議（ＵＮＣＥＤ）」をご存知だろうか。この会議で提唱された「共通だが差異ある責任（Common but Differentiated Responsibility）」という原則がある。これは地球環境問題を解決するための責任に関して、全ての国に責任があるという先進国の主張と、原因の大部分は先進国にあり対処能力も異なっているという途上国の主張を折衷したものである。この考え方を日本の森林管理問題に照らし合わせると、大人と子供、そして都市部と山村に当てはまるのではないだろうか。そこで提案すべきは「共通だが差異ある責任」に基づいた

「森林管理の義務化」である。今回は「世代」間の差異に注目し、日本の森林管理における役割分担（責任）を考えてみよう。図8-8の上部は、前述の「図8-3 林業の世代別作業例」であり、現在の森林管理の状況である。それに対し下部に、著者の提案する世代別作業例を提示した。最も大きな違いは、「世代」の意味を変化させている点である。祖父母世代、親世代、現世代ではなく、子供、若年世代、壮年世代という分類で、各作業を担うのである。これには二つの意図がある。

まず一つ目は、各年代の特性に合わせた役割分担を行うことで、各作業の効率化を目指す点である。まず、一〇代までの子供世代が「植える」。もちろん体力差があるので、たとえば幼稚園・小学校で苗木を育てる、中高生が山で地ごしらえと植林を行うなどの役割分担は必要である。これには環境教育、情操教育の場としての意味合いも持つ。そして二〇～三〇代の若者が「育てる」。下草刈りや間伐には時間と体力を要するため、体力のある世代が担当すると合理的であるという、効率性からの意味合いが強い。もちろんそれだけでなく、社会に出る前または社会に出たばかりの若者が、環境問題に対し「すぐに結果には結びつかないが、数十年先には必ず形になる」という作業を体験することは、社会人教育としても重要な意味を持つであろう。そのため、大学の教養科目や課外活動、会社の新人研修などを中心に取り入れる。そして、四〇～五〇代の壮年世代が「使う」。もちろん壮年層になると全ての人が作業に参加することは、体力的にも技術的にも難しくなる。しかしながら「使う」には長期的で多様な作業が含まれる。たとえば重機等を使用して伐採・搬出を行う人、企業を経営し木材製品の生産・流通を行う人、子供や若年世代に指導・教育を行う人、科学技術を発展させる人など様々な責任分担があるだろう。もちろんその他にも、廃材や未利用材を利用したエネルギーを利用し、環境に優しい生活を実践することで周囲に対してお手本となる人もいるだろう。このように、環境教育・情操教育の場として、そして環境保全活動として、植える（子ども）・育てる（若者）・切って加工する（大人）という作業の分担を行う。二つ目は、自身が森林管理の全ての過程に係ることができるという点である。現在の人工林の伐期齢は五〇年程度である。つまり、幼稚園児の時に植えた苗木は、自身が五〇代になったころに伐り時になっているのである。そのころには物質生産機能だけでなく、景観や生物多様性、水源涵養機能なども備えた立派な森林となっているであろう。逆に言うと、自分世代が育てないと利用できないというデメリットがある。林業とは長い年月のかかる仕事であり、先に述べたように「先祖が自分たちのために植えてくれた樹木を伐採利用する代わりに、自分たちも未来世代のために植林を行う」という、利益と行動が逆転していると

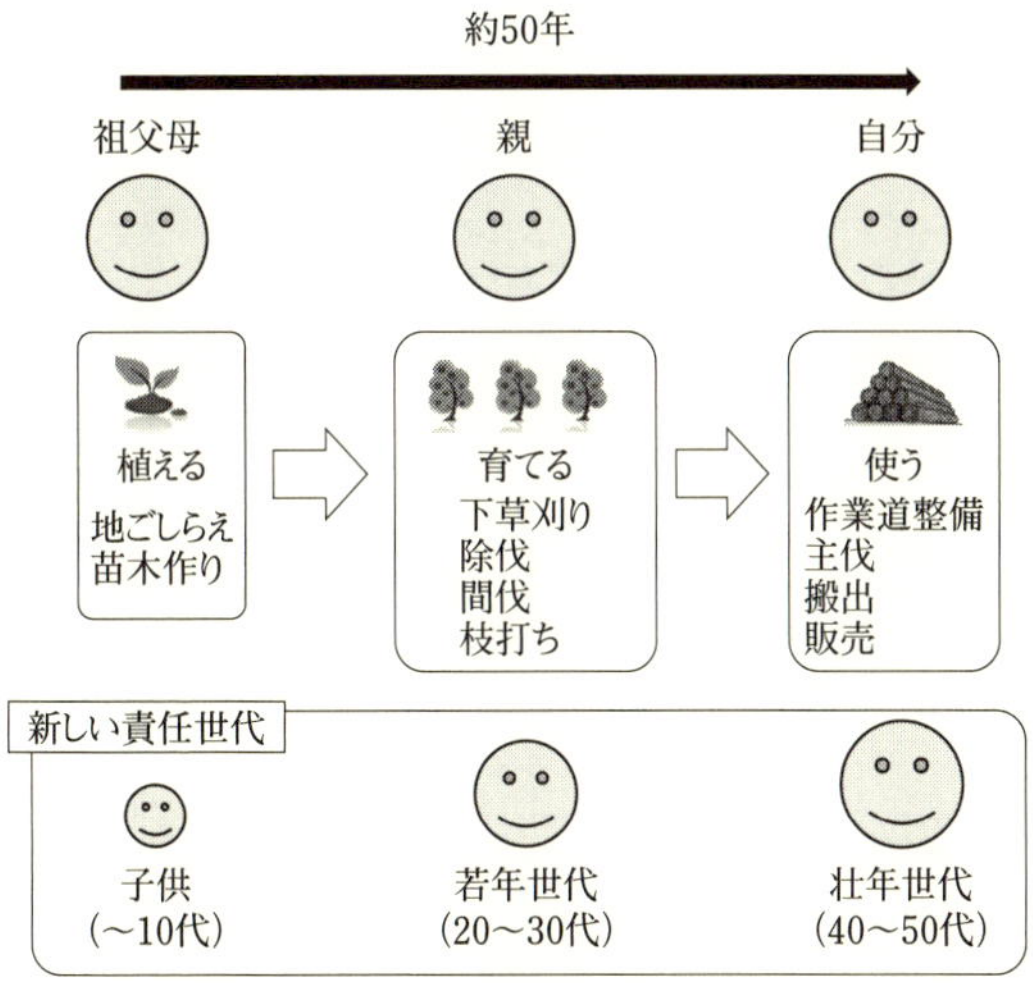


図 8-8　森林管理の責任世代

もいえる仕事である。さらに、林業従事者以外の一般の人々が、利益（木材などの資源）を得た後に行動する（植林・森林管理など）というこの逆転構造を、自発的に行うことは容易ではない。しかしながら、自分達の育てた木を自分達で使うのであれば、このような葛藤は生まれないであろう。

もちろん、これは一つのアイデアにすぎない。しかしながら、一人一人の生活の中に森林管理を必須事項として織り込んでいくことができればと考えずにはいられない。

**あなたがフューチャー・デザインを行うなら**

最後に一つ、皆さんに考えていただきたい例を提示したい。あなたはフューチャー・デザインを行う「将来省」で働く職員、今回は日本企業が多数進出している東南アジアのとある島において、これからの開発の公的な指針を設定するプロジェクトに参加することになった。

問　シンガポールにほど近い場所に、B島というインドネシアの島があります。この島はインドネシア国政府の合意の元、シンガポール政府主導で開発が進められてきた工業島です。シンガポールとしては、シンガポールに不足しているマンパワーと土地を補う下請け都市としての役割を期待しています。またインドネシアとしては、「インドネシアに第二のシンガポールをつくること」を将来像として持っています。この島では開発が第一の優先事項であり、他の地域で設定されているような「環境保全の法律」は名ばかりとなっています。この島の北側はすでに商工業化されていますが、南部にはわずかですが漁業や林産業などの昔ながらの生業を送っている場所があります。この島で五年ほど南部の地域住民の生業を研究してきたF氏に、皆は聞きました「どのようにしたら、B島の自然は守れますか？　どのようにしたら開発と自然保全が共存できますか？」。そこでF氏は言いました「この島を完全な工業島にして、自然環境保全など考えないようにしてしまいましょう。そして周辺の島々に広がりつつある工業地帯を、この島の南部の地域を開発することで全て集約しましょう。そうすれば、この島に自然環境はなくなりますが他の島々の自然環境は守られ、地域としては自然環境の保全に成功したと言えるのではないでしょうか」。この島の未来を考えると、あなたはF氏の意見を支持しますか？　それとも否定しますか？　その場合、どのような視点からどのようなことを明らかにする必要があるでしょうか。

日本国内の林業・森林の話からいきなり飛んで、遠いインドネシアの話になったことで驚くかもしれない。しかしグローバル化が進んでいる現在、この島周辺の状況があなたの身近なところに大きな影響を与えないとは言いきれないことを知っておいてほしい。また、一つの事例が生まれるということは、それが良い事例でも悪い事例でも、「先例がある」という言葉で未来に繋がっていってしまうことも忘れてはいけない。未来世代のことを考えたなら、あなたはどのような Future を Design しますか？

# 第9章　地下水管理問題から考える水資源利用とフューチャー・デザイン

原　圭史郎

## 1　はじめに

多様な種類や形態の「資源」を地球上から獲得し、それらを利活用することによって我々の社会は成り立っている。飲み水、電気、建物材料など、生活を維持するうえで必要不可欠な財の多くは、元をたどれば様々な天然資源に行き着く。宇沢ら（二〇〇三）は、「ゆたかな経済生活を営み、すぐれた文化を展開し、人間的に魅力ある社会を持続的、安定的に維持することを可能にするような自然環境や社会的装置」を社会的共通資本と呼び、水や大気、森林などといった天然資源を含む自然環境そのものの重要性を説いている。これら資源はまさに人間社会の基盤とも言うべきものである。

天然資源には、石炭や石油などのエネルギーに関わる資源のほか、水資源、鉱物資源、バイオマス資源などの多様なものが存在する。これらのうち、石油石炭や鉱物資源は、人類が使い続けることによって物理的に量が減少していく、いわゆる「枯渇性」の類であり、地球上に無限に存在しているわけではない。したがって、我々の世代で、仮にこれらの資源を使いつくしてしまう場合、将来の世代の人々はこれらの資源から現世代が受けた恩恵を同じような形で受けることができなくなり、結果として大きな不利益を被る可能性がある。この事例を見れば、世代内のみならず世代間でも資源を上手に分け合って、持続的に利用していくことが重要だということが分かるだろう。

多様な種類の資源の中でも、ここでは水資源に注目してみたい。水資源は、太陽エネルギーによって地球上を循環しており、その意味では再生可能な資源とも言えるが、地球上に無尽蔵に存在しているわけではない。世界各地の降雨量の違いを想像すれば分かるように、ある地域の水賦存量や、人々が使うことができる、いわゆる利用可能な水資源の量は、物理的な条件や地域性に大きく依存する。実際、降雨が極めて限定的で利用可能な水量が極めて限られた地域が地球上には数多く存在している。地理的・物理的条件に加えて、今後は気候変動の影響から、地域によっては干ばつ等が起こりやすくなることも想定されている。地球上の人口はすでに七〇億を超え、今後もアジア・アフリカ地域を中心としてさらなる人口増加が見込まれている（UN, 2007）。そのような状況の下、飲み水などの生活用水や、農業用水、産業用水など、水資源に対する需要は今後も増加の一途をたどり、世界各地で水資源の消費量が増大していくと予測されることから、今後ますます水の安全保障や水資源管理が重要な課題となってくると考えられている（IPCC, 2014）。

地球上に存在する水資源の内、淡水は全体のおよそ二・五％にすぎない。すなわち、存在する水の多くが海水（塩水）であるが、これは人類が生活や農業用として直接利用できる水ではない。また、淡水の内でも、実質的に利用可能な水は約三割程度と言われており、残りの七割は氷河や雪、永久凍土層といった人間が直接利用できない形態で存在している。地球上には多くの水が存在しているというイメージを持つ方も多いと思うが、実際に使用できる水の量は限られているのである。淡水はさらに、河川や湖などの「表流水」と地下に存在する「地下水」とに分けられるが、物理的に存在している量で見た場合、その大半が地下水であると見積もられている（沖・沖、二〇一〇）。このように見てくると「地下水」が人類にとっては極めて重要な水資源であることが理解できる。

実際、地下水は世界の多くの国々で利用されている。特にアジア地域を含む経済発展と都市化が進んでいるような国・地域では、生活や経済活動において地下水への依存度が高い傾向にある。実は、これらの地域では地下水の過剰な汲み上げが行われ、地下水が枯渇し、地盤沈下等の深刻な問題が起きつつある。また、地盤沈下によって建物などの社会基盤が大きくダメージを受け、結果として住む人々にも大きな影響が及んでいるという事例が世界中で報告されている（UNEP, 2003）。地下水の枯渇や、一度起きてしまうと回復が難しいとされる地盤沈下の発生によって、現世代のみならず将来世代はどのような影響を受けてしまうのだろうか？　本章では、地下水資源の過剰取水・利用に注目することで、同世代、そして世代間の公平な水資源利用・管理のあり方を議論するとともに、水資源管理におけるフューチャー・デザインの意義を考えてみたい。

本章では特に、アジア地域に焦点をあて、筆者がこれまでに調査を行ったバンコク市（タイ）、バンドン市（インドネシア）、ホーチミン市（ベトナム）、天津市（中国）などの都市部に注目し、都市化と経済成長を背景とした地下水資源利用の増大と、過剰取水による資源枯渇問題をまず概観する。そのうえで、このような過剰取水の結果として地盤沈下等の深刻な課題が生じていることや、これらの過剰取水問題に対する施策としてバンコク市や日本が取った対策例や地下水管理の経験を簡潔に提示する。そして、自然資源を適切に管理するための仕組みや、持続的利用に対するインセンティブの欠如といった問題点を指摘し、世代を超えた持続的な水資源利用・管理を可能とするためのアプローチや仕組みが必要であることを示す。最後に、このような仕組みの一つとしてのフューチャー・デザインや将来省の役割の提示を試みる。

## 2　アジア都市における地下水利用の現状と課題

### 高まる水需要と地下水への依存

アジア地域は世界の中でも最も都市化や経済発展が進みつつある地域の一つである。急激な人口増加、経済発展や都市化に伴って、資源消費量や環境負荷も急速に増大している。地下水についても重要度の高い水源として、アジア諸国の大都市を中心に広く利用されている。たとえば、アジア・太平洋地域全体で、飲料用の水を地下水に依存している人々の数は一〇～二〇億人にも上ると言われている（Sampat, 2000）。

経済発展段階にある地域で、特に地下水への依存度が高まるのは次のような理由による。まず、水質が安定しており使いやすいという点である。河川や湖などの表流水は季節変動の影響も受けやすく水質が変化しやすいのに対し、地下水は水質の変動が比較的小さいため安定的である。また、表流水を取水源とした上水システムの場合と比べて、地下水の場合は、大規模な処理プロセスや配水のためのインフラ等の整備が特段必要ないため一般の人も使いやすく、またコストも安く抑えられる。後に述べるように、バンコク市では、地下水に対する需要を抑え地下水の取水量制限を進めるために、汲み上げ量に応じた課金制度が導入されているが、元来、バンコク市でも地下水に値段はついておらず、誰もが無料で利用できる水資源であった。今でも地下水取水に料金がかからない地域も少なくなく、これらの地域では地下水に対する需要のコントロールが難しい状況にある。以上、安定的な水質とコスト安といった理由から、特に経済発展の只中にあるような地域においては、生活・産業・農業用として地下水が大量に汲み上げられる傾向にある。

ここで、バンコク市、ホーチミン市、バンドン市、天津市の、特に都市部で汲み上げられた地下水の利用状況を見てみよう。バンコク市、ホーチミン市、バンドン市においては、特に産業用としての利用が多く、天津市では農業用での利用がほぼ半分を占めている（Hara, 2006）。一方で、飲料用を含む家庭生活での水利用に関しても各都市ともに地下水が一定割合を占めている。バンコク市の例のように、産業用利用が多いのは、先にも述べたように地下水資源が安価で水質が安定的なために使いやすいというのが主な理由である。一方、天津市については、他の都市と比べて市の行政区域が極めて広く（約一二〇〇〇平方キロメートル）、市の周縁部である近郊地域では耕作地や農業地が広がっており、農業用利用の割合が大きい傾向にある。このように地下水は色々な部門（セクター）で積極的に利用されていることが分かる。

次に、これらの地域での地下水利用の経年変化を見てみよう。バンコク市のメトロポリタンエリアにおける一九八〇年、一九九〇年、二〇〇〇年の一日当たりの地下水の取水量は、それぞれ一三六万立方メートル、一七〇万立方メートル、二〇〇万立方メートルと単調増加の傾向にあり、バンドン市についても同様に経済活動や人口の増加にともなって地下水の利用が年々増加している。バンドン市の産業セクターでは、一九九三年時点で地下水への依存度が約六〇％程度であったが、二〇〇四年には七〇％強まで上昇したと見積もられている（IGES, 2006）。このように、成長著しい都市・地域では、経済成長による人々の生活スタイルの変化と都市化や産業化が相まって水需要が急激に高まり、その結果として安価で使い勝手のよい地下水に依存する傾向にある。

また、経済成長を遂げるこれらの都市では汚染問題も深刻化しており、これによって利用可能な水資源の量に影響が出てきている。一般的に、これらの地域では環境関連の社会基盤整備が経済発展のスピードに追いついておらず、その結果、水汚染などの環境衛生問題が深刻化している。これらの汚染が進めば、当然家庭用飲み水としての利用価値が減り、地下水の利用可能量は減少することとなる。

以上のように、アジア地域の多くの都市では、水資源に関する量の問題（過剰取水とそれに伴う水資源の枯渇）、および質の問題（水質の汚染）双方の観点から、地下水管理のあり方について大きな課題が突き付けられているのである。限られた「利用可能な水」をいかに家庭や産業、農業などといったセクター間で適切に分け合い、社会や人間生活を支える形で利用・管理していくかということが大きな課題となっているのである。また、現代における水の分配問題のみならず、次に詳述するように地下水資源の使いすぎによって地下水枯渇や地盤沈下という問題が生じる場合には、次の世代が大きな影響を受けることとなり、ここには世代間の分配問題という別の課題も生じてくる。限られた水資源を世代間でどのように公平に分け合っていくのか、将来の世代が不利益を被らないように、現世代はどのように水資源を利用していくべきなのか、このような観点からも持続可能な水資源管理のあり方がまさに問われているのである。

### 地下水の過剰取水と地盤沈下問題

地下水が過剰に取水されると、降雨による地下水の涵養が地下水の汲み上げ速度に追いつかず、結果として地下水資源の枯渇という問題につながる可能性がある。これは、ある意味、再生可能資源であるはずの地下水が再生不可能な状況に陥っている状況を示しているとも言える。実際、先ほど取り上げたほぼ全ての都市において、地下水が大量に汲み上げられ、都市域内の地下水位の低下が生じ、その結果として地盤沈下が発生する、という深刻な事態に直面している。地盤沈下が生じると、建物や道路などといった社会基盤にも大きな被害が及ぶこととなる。これら社会基盤の損傷や、生活収入など人々の生活基盤への様々な影響や、そこに住む人々への心理的影響（不安など）も少なからず出てくる。社会基盤などへの直接的な被害のみならず間接的な人々の心理への影響も含めた効用の減少を「地盤沈下によって生じる被害額」と定義し、被害額を算定する研究も進められてきた（森杉・岩瀬、一九八五）。

バンコク市では、地下水の過剰取水を主な原因として一九七〇年代より地盤沈下が顕在化し、社会基盤に様々な影響が出るという事態が生じた。バンコク市は沿岸部に立地するため、地盤の沈下によって海水流入や洪水が起きやすくなる、という副次的な影響も出ている。現在でも市内の多くの場所で、年間一センチメートル以上の地盤沈下が確認されてきており、また場所によっては一〇センチメートルほどの沈下が見られる場所も報告されている（IGES, 2006）。一度沈下した土地は完全にもとの状況に戻ることはない。したがって早い段階で判断を下し、予防的に何らかの対策を取り、過剰な汲み上げを阻止することが重要となる。しかしながら、多くの都市・地域において、地下水位低下と地盤沈下現象が生じて初めて対策が取られるというケースがほとんどである。

このような地下水資源の枯渇やそれに伴う地盤沈下は、現世代の人々の資源利用行動が将来世代に大きな損失を与えてしまうという意味で、世代間の資源分配の問題を端的に示している一つの例であるとも言える。

## バンコク市における対策

それでは、水需要の増大に伴う地下水の過剰な汲み上げという多くの都市が直面している課題に対して、どのような対策を講じていけばよいのだろうか。ここではバンコク市の事例を参照し、地下水管理のあり方について考えてみたい。バンコク市では一九七〇年代より地盤沈下が深刻化し社会問題となったことは先に述べたが、これを受けて以前のように無制限に地下水汲み上げを許容するのではなく、取水量を制限することによって持続的利用を実現すべく様々な措置が取られてきた。一九七七年に制定された地下水管理のための法律（The Groundwater Act）の中では、1．特に地下水資源の過剰取水によって地下水位が低下しているような地域の特定と、それらの地域への具体的対策、2．課金をはじめとする経済的措置による取水制限、3．不法に取水をする人々への罰則や課金などの措置、を中心的な柱として、持続可能な地下水管理方策を体系づけた。この法律は、一九九二年時に修正され、現在のバンコク市における地下水管理政策の主軸として位置づけられている。以下は、この法律の下で実際に進められてきた対策事例である。

まず、地下水の取水規制（①）に加え、取水量に応じた課金制度が導入されている（②）。八〇年代前半までは地下水汲み上げに対する課金はなかったが、八〇年代半ばより段階的に課金制度が

**表 9-1　バンコク市における対策事例**

| |
|---|
| ①地下水取水の規制 |
| ②地下水取水への課金（1994 年 3.5 バーツ／$m^3$ → 2003 年 8.5 バーツ／$m^3$） |
| ③地下水保全目的活動のための課金 |
| ④上水道施設などといった利用できる代替水の提供 |
| ⑤取水動向に対するモニタリングシステムの整備 |
| ⑥ライセンス（免許）制の導入，罰則制度導入 |
| ⑦地盤沈下が激しいエリアに対する「ゾーニング」の導入 |

導入された。九四年には一立方メートルあたりの取水に対して三・五バーツが、二〇〇三年には八・五バーツが課金されており、この間段階的に金額が引き上げられている。また、この課金に加えて、地下水保全のための様々な活動を支えることを目的とした、別の形態での課金も二〇〇四年に導入された（③）。これらの課金制度は、バンコク市内の様々な主体および人々の地下水汲み上げを減らすためのインセンティブとして、徐々に効果を発揮したと考えられている（IGES, 2006）。実際、九〇年年代後半あたりから井戸の設置数および取水量が減少傾向に向かったことが確認されている。

一方で、家庭生活の中で飲み水などを井戸水に大きく依存していた人々にとって、地下水汲み上げの制限は日常生活への支障をきたすことになりかねない。生活用に井戸水を長年利用してきた人々に対しては、これに代わる代替水をなんらかの形で用意することが、地下水利用制限による副作用を生じさせないための行政側の重要課題であった。政府は上水道設備や配水ネットワークの拡充など、代替用水提供のためのインフラ増設を行い、取水制限に伴う副作用を防ぐための施策を講じた（④）。これらに加えて、井戸水の不法な取得や過剰取水を防ぐためのモニタリングシステムの整備や（⑤）、取水を希望する人々へのライセンス（免許）制度の導入等も進めてきた（⑥）。さらに特に地下水位の低下が著しく地盤沈下が深刻な地域、地下水の枯渇が特に危ぶまれているような地域を特定し、特別に取水規制を実施することを目的とした「ゾーニング」手法を適用し（⑦）、効果的かつ戦略的な地下水管理を推し進めてきた。このように、様々な対策や政策手法を包括的に実施することで、着実に井戸設置数の増加は抑えられ、過剰汲み上げの問題も近年は収まりつつある。

バンドン市や天津市においても、同様の過剰取水と地盤地下の兆候が見られることから、取水量の規制などが行われつつある。ただし、バンコク市の事例のような体系的・包括的な施策の実施には至っていないようである。また、ホーチミン市については、地下水の過剰取水が危惧されているものの、地盤沈下に対する公式な見解は出されてないこともあり、二〇〇六年時点で具体的な対策や地下水取水規制の導入はなされてない。ただし、他の都市の事例も参照しつつ、ホーチミン市内の地下水取水の状況・動向を踏まえて、過剰取水に対する予防的措置をとっていくため、地下水位モニタリング等が今後強化されることとなっている。このように地下水管理に向けた対策レベルや認識の度合は国や地域によって様々である。

## 日本の高度経済成長と地下水管理政策

これまで見てきたような、アジアの都市で見られる地下水にまつわる諸課題は、過去日本がまさに経験してきたことでもある。日本では戦後の高度成長時代に地下水の過剰取水に起因する地盤沈下が社会問題となった。大気汚染や水質汚染と並んで地盤沈下は七大公害の一つに認定されている。元々、東京や大阪などといった大都市周辺の工業地帯では、工業用水の大部分を地下水に依存しており、地盤沈下は昭和の初期からすでに観測されていたとされるが（環境庁、一九七二）、具体的な対策を講じるまでには至っていなかった。高度成長の過程で都市用水需要は大きく増加し、地下水の過剰取水が大きく進むことになった。昭和二五年九月のジェーン台風などをきっかけに、東京・大阪などの大都市における地盤沈下地帯（低地域）は浸水の大きな打撃を受けることとなる。災害の甚大さが浮き彫りになることによって、地下水の過剰取水にも大きく目が向けられるようになり、地下水管理のための諸々の対策が取られることとなる。たとえば、一九五六年には「工業用水法」が制定され、地下水の汲み上げの規制とともに、産業界が地下水に大きく依存する必要がなくなるように、工業用の水を安価に供給するためのインフラ（工業用水道）建設も進められた。また、一九六二年には建築物用の地下水取水を規制するために「ビル用水法」（建築物用地下水の採取の規制に関する法律）が制定されている。これらの規制や代替用水の確保に加えて、製造業をはじめとする産業界が自ら進めた対策もおさえておく必要がある。たとえば、製造業では工場内での水リサイクル・再利用を積極化し、地下水への依存度を減少させることに成功している。取水を抑えるための政府主導の政策と、産業界による独自の努力・対策、またこれらを支える技術的な発展・イノベーションなどの様々な要素によって、地下水の過剰取水と地盤沈下問題は一定の解決を見ることになった。

以上のように、日本や他のアジア地域をはじめとして、経済発展と産業化が急激に進む多くの地域において、これら社会経済的な変化に伴う水需要増大と、地下水の過剰取水や地盤沈下問題の顕在化という一連の共通の事象・法則を見て取ることができる。同じような事象が、時を超えて、異なった国・地域で顕在化しているのである。このように見てくると、過去の事象や教訓をまとめ上げて国や地域の間で適切に共有し、将来の水資源管理に活かしていくことが重要な鍵となる。後に述べるように、水資源管理のフューチャー・デザインの第一歩は、過去の教訓を学び、知見を共有し、将来の対策に向けて備えるという姿勢ではないだろうか。

## 4　資源の持続的利用を考える——公平分配の視点

以上、日本を含むアジアの都市を例に、社会経済の発展と水需要の増加を背景とした過剰な地下水への依存、そして持続不可能な形での取水の現状を概観した。そもそも、水資源などの自然資源の持続的利用や適切な管理のための原則的な考え方、アプローチは存在するのだろうか？

生態経済学者であるハーマン・デイリーは、持続可能な発展の状態を物質循環と生態系の側面から捉え、次のような考え方を提起している。すなわち、①森林など再生可能な資源（自然資本）の持続可能な利用速度は再生速度を超えるものであってはならない。②化石燃料など再生不可能な資源（自然資源）の持続可能な利用速度は、再生可能な資源を持続可能なペースで利用することで代用できる速度を超えてはならない。③汚染物質の持続可能な排出速度は、環境がそうした物質を循環し、吸収し、無害化できる速度を超えるものであってはならない、という三つの原則である（茅・松橋・村井、一九九二）。冒頭に述べたように、水資源は太陽エネルギーによって、降雨、蒸発というサイクルを経て地球上を循環する資源であり、ある種の再生可能資源と位置づけることができる。三原則の中で言えば、①に対応する再生可能資源であると位置づけてよいだろう。ところが実際には、多くの都市において、①の条件を満たすことなく、地下水の取水が降雨による地下水涵養の速度を大きく超えるペースで進んでいる、という状況にある。

ではなぜ、すでに多くの都市や地域で地下水の枯渇と地盤沈下という前例や教訓があるにも関わらず、同じような問題が繰り返されるのだろうか？　地下水が安価で人々が使いやすい水資源であるという基本的理由の他に、地下水の場合は、表流水の場合と異なり、枯渇がどの程度進んでいるのか（すなわち地下水位がどれほど低下しているのか）を直接的に把握することが困難である、という課題もある。地下の状況を直接把握することは容易ではないため、どの程度までの取水量であれば持続的利用の観点から安全であるか、この点を理解するのは容易ではない。加えて、地下水が存在している「帯水層」に関わる物理的な条件の複雑さも、持続可能な取水レベルを把握することを困難にしている。

また、自然資源の管理のための「仕組み」の不在という課題を挙げることができる。たとえば自然資源に対する市場の欠如などが挙げられる。日本以外の大陸の国々をイメージすれば分かるように、地下水が存在するいわゆる帯水層は、行政単位や国家間と関係なく広がっている場合も多く、その場合、行政区単位での市場の制度設計が難しい。先にも述べたように井戸からの地下水取水にはお金がかからない国や地域も多く、この場合は人々の地下水取水・利用制限のインセンティブは弱くなってしまう。バンコク市の事例は課金制度が導入されたことによって、井戸からの過剰な取水を抑えるインセンティブが人々に付与されることを示しているが、水や生態系などの自然資源に対しては、いわゆる市場が存在していない場合が多いのが実情である（Kinzig et al. 2011）。市場は仕組みの一例であるが、共有財産としての水資源を適切に管理する仕組みが社会の中に適切に配置されることが極めて重要なのである。

持続的な水利用・管理のための社会的仕組みが存在しない場合、水資源への需要増大に伴って、同世代内の利用主体・セクター間の分配問題が生じるだけでなく、地下水枯渇にみられるように、将来世代による地下水資源利用の機会を奪ってしまうことにもなりかねない。まさに、世代を超えた水資源の分配問題が存在していることが分かるだろう。

現世代内での分配問題としては、家庭、産業、農業などの各セクター・利用主体の間で限られた水資源をどのように分け合うのが最も適切なのか、という問いに直面することとなる。汲み上げられた地下水分配の考え方は、地域の価値観や人々の規範、地域の社会経済的な文脈にも大きく依存する。ＧＤＰ等で表されるように、経済的価値を増大させるという目的を達成するためには、製造業を始め経済的価値を大きく生み出す可能性のある産業セクターでより多く消費すべきだ、という結論に至るかもしれない。しかしながら、水資源は人々の食生活においてなくてはならない基本的な資源でもある。これが水資源の利用の仕方が地域文脈や規範性と関わっている、ということの意味である。限りある資源をどう分配するか、という議論においては地域文脈をしっかりととらえておく必要がある。

また、現世代のみが水資源を思う存分利用できて豊かな生活をできればよいわけではない。将来世代が水資源の枯渇によって大きな不利益を被らないように、持続的な資源利用・管理を行っていく必要がある。もちろん、将来世代のニーズや利益を考慮しすぎるばかりに、現世代のニーズをおろそかにするわけにもいかない。現世代内の分配問題と同じように、世代間の公平性や将来世代の利益も適切に考慮しつつ、現世代の水利用の在り方を考えるための社会的な仕組みや考え方が求められるのである。まさにフューチャー・デザインが必要となる所以である。

## 5　世代間公平利用から考える水資源管理のフューチャー・デザイン

### 水資源管理におけるフューチャー・デザインの意義と将来省の役割

ここまで議論してきた内容を踏まえて、あくまで私論ではあるが水資源管理分野を対象とした将来省とフューチャー・デザインの役割を考えてみたい。第1章では、将来省の役割の一つを「将来起こるであろう問題を同定し、いくつかの選択肢を作成し、人々に示すこと」としている。第4章でも示されたように、このような不確実性を伴う将来社会の議論を進めるための一つの方法論として「シナリオ分析」「シナリオアプローチ」が提起されている（Brewer, 2007）。水や生態系に関わる分野で言えば、地球規模での水問題の未来シナリオを描いたWorld Water Vision（Cosgrove and Rijsberman, 2000）や、生態系サービスの将来変化およびこれらの変化が人々の福祉（Well-being）に及ぼす影響について分析を試みたMillennium Assessment Report（Carpenter, 2005）など、シナリオ分析・評価の実践も試みられつつある。

将来省の役割の一つは、このようなシナリオアプローチも活用しつつ、将来の社会経済的な動向や水資源の賦存量に関する不確実性を柔軟に捉えたうえで、複数の可能性やシナリオを通じた分析を行うことで、将来における水利用や水ストレス（水需給が逼迫している状態の程度）の状況、さらに水ストレスに直面する将来世代の人々の生活の質や福祉への影響について適切な評価を行うこと、現世代の人々の水利用や管理の在り方について議論を喚起するための材料や情報を提示していくことであろう。経済発展を遂げる多くの国が、経済発展の初期段階において地下水依存度が高くなる傾向にあり、結果として地下水位の低下と地盤沈下の状況が発生する、という一連の流れを経験していることから、そのような歴史的事実や事例の分析を進め、過去の経験や教訓・事実を最大限活用し、将来予測やシナリオ設計に役立てることも重要となる。これらの幅のあるシナリオ評価をもとに、たとえば、現世代および将来世代の利益を考慮するグループそれぞれの立場から討議を行うことによって、現世代の人々が、今後取るべき水利用行動の在り方について判断を下していくことが求められる。そしてこの判断において、現世代のみならず将来世代の視点・利益を組み込んで意思決定を行うことがフューチャー・デザインの重要な意味である。将来世代のことを適切に考慮することによって、現世代の水資源の利用・管理方法は大きく変わる可能性がある。また、水問題は他の様々な分野・領域にも大きく影響するため、広い視点を持ってフューチャー・デザインを行うことが重要である。これについては、水の利用量・供給量を増やすことを目的としたダム建設の事例を考えると分かりやすい。ある地域におけるダム建設の是非を議論する際、地域への安定的な水供給という想定されるプラスの側面と、地域の生態系の破壊や地域集落の喪失などといった副次的なマイナスの側面が考えられる。水利用の側面だけでなくて、副次的な側面も広くとらえて判断する必要がある。そしてこの時、現世代の利益のみを考えて判断する場合と、将来世代の利益も含めて考える場合では、判断の仕方が大きく異なるはずである。この例のようにある特定の資源（ここでは水資源）の管理問題を考える際は、思考のバウンダリー（範囲）を広くして考えることも重要である。

## 過去から学ぶこと、国を超えた協調の必要性

次に、国際的な文脈からも水資源管理のフューチャー・デザインを考えてみよう。たとえば、各国において将来省あるいは将来世代を代表して政策立案することを主目的とした政府組織が設置されているという状況を想定してみる。このような場合、将来省同士の国際的協力が考えられる。た

とえば地下水の過剰な汲み上げから生じる地盤沈下などの様々な公害問題・環境問題について、すでに経験を有する国や地域が知見をまとめ上げ、他の国々と共有しつつ今後各国が取るべき対策などについて情報共有や協議を行う。日本やバンコク市など、先にこれらの問題に遭遇し、それを克服してきた地域は、地下水需要の増大と水資源枯渇、そして地盤沈下という因果関係に関する歴史的展開をまとめ上げ、他の地域と情報や対策技術・政策等の知見と教訓を効果的に共有することが重要である。特に日本は地盤沈下を含む公害問題を他国に先んじていち早く経験し、それを乗り越えてきた。その意味で日本が環境・資源管理の分野で貢献できるところも非常に大きい。

ここでの国際的な協力については、将来世代の利益を最大限考慮することを目的として、将来起こりうる影響の種類やその度合、今後取るべき対策オプションなどを将来省同士で協議し情報共有を行うという点が重要であり、その意味においてはこれまでの国際環境協力の類とは質を異にする。また、国家同士で、相手国家の水利用に関する将来シナリオ設計および評価に関する助言をしあう、という方法も考えられるだろう。客観的かつ自由な発想で、他国のこれからの水利用の在り方を考え、現世代の水利用の有り方やオプションを提示する、という新たな国際協力の形も想定できるだろう。

いずれにしても、水資源管理のフューチャー・デザインを行う上では、過去を振り返り歴史的な事実を整理して共有することがまずスタートポイントとなる。過去の一連の流れを土台として、次に起こりうることを早期に予測し、問題が生じる前に、他国の事例や前例を参考として、問題が深刻化する前での適切な管理と、持続可能な形での利用の仕組みを早期に提示・構築することが重要となる。

## 6　まとめ

水資源の持続的な利用と管理は、地域のサステイナビリティ（持続可能性）を維持する上では極めて重要な要素である。しかし、アジア地域の事例を通じて見えてくるのは、水需要の急激な増大に伴う過剰取水と地盤沈下という課題であった。実際、アジアの多くの都市において、地下水の物理的な枯渇という「量」の問題と、家庭や工場からの排水、産業廃棄物等に由来する水質汚染などといった「質」の問題が顕在化している。これら地下水資源の枯渇問題と水質汚染の悪化が、持続可能な地下水利用に対するリスクを増大させている。そして将来の世代の人々が使うべき水資源と、水資源利用から享受しうる様々な恩恵を、現世代が奪いかねない状況にあるともいえる。ここでは水資源、特に地下水資源に注目をしたが、他の様々な自然資源についても同様に、現代世代の過剰な利活用によって将来世代が大きく不利益を被るような状況が考えられる。

持続可能な資源管理の文脈でフューチャー・デザインを考える際に最も重要なのは、過去の事例や教訓を基に、今後起きうる課題をシナリオとともに情報として提示し、将来世代の利益も考慮しつつ現代社会の資源利用や管理のあり方について適切な意思決定をおこなっていく、ということである。地下水資源問題をケースに見たように、限られた自然資源の利用に関しては、現世代内の利用主体間の分配問題が存在するとともに、将来世代との公平利用という重要な観点が存在する。この世代間の公平利用という観点から将来世代の資源利用のための基盤を担保するための考え方や、仕組み・仕掛けが必要である。その点においてフューチャー・デザインの果たすべき役割は大きいと考えられる。また、資源・環境問題に関しては一国に閉じた問題ではなくまさに地球規模の課題として存在する。これらの課題に対応していく上で、各国の将来省の国際的な連携も極めて重要となっていくだろう。

# 第10章　将来世代への情けは人のためならず

七條達弘

## 1　日本の財政の現状

平成二六年度の日本政府の予算案の歳出（図10-1）をみると、二三・三兆円が国債費（借金の返済や利払いなどに当てられる金額）となっています。歳出総額が約九六兆円で、国債費が占める比率は実に二四％にものぼります。

一方、平成二六年度予算案の歳出（図10-2）をみると、税収など借金に頼らない普通の収入は五四・六兆円しかありません。消費税増税や景気の上向き等で例年より大きい額を見込んでいる金額ですが歳出総額の約半分です。公債金収入や年金特例公債金という国債発行などの借金による収入は四一・三兆円もあります。つまり、借金をすることで、なんとか、今までの借金の返済をした

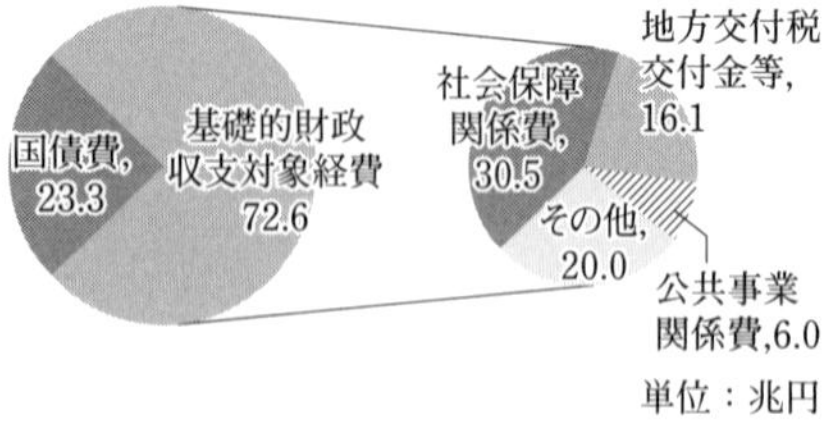


図 10-1　平成 26 年度予算案（歳出）

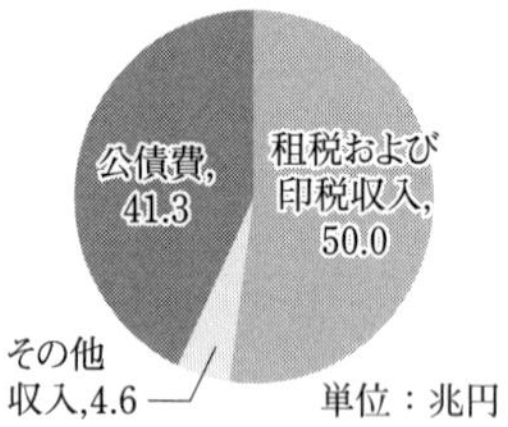


図 10-2　平成 26 年度予算案（歳入）

り、金利を支払ったりしている現状です。自転車操業的といってもいいでしょう。しかも、年間三〇兆円以上の勢いで債務の額が膨らんでいる状況です。

今までの借金の総額（累積債務）も大きく、国債残高は約七〇〇兆円[1]を超えています。地方政府も多額の地方債を発行しているので、日本全体の債務を考える際には、これも足しあわせて計算する必要があります。いろいろな計算方法があって、計算の仕方によって金額は変わってきますが、大雑把にいうと、国と地方政府の借金の総額はおよそ一〇〇〇兆円となります。国の借金以外の収入は約五〇兆円ですから、国の年間収入の二〇年分ぐらいの借金を国と地方で背負っているという計算になります。さらに、国民一人あたりに直すと、七〇〇万円以上の借金を背負っている計算になります。働いている人だけではなく、赤ちゃんも老人も含めて一人あたりの額ですから、とても大きいことが分かります。

このような現状をふまえると、将来世代のために財政健全化を考えなければいけないということがお分かりになるでしょう。実際、このような現状だからこそ、平成二六年四月に消費税が八％に上がり、今後も増加が見込まれているのです。

さて、先ほど「将来世代のために」という言葉を使いましたが、この問題は、本当に、将来世代のためだけの問題なのでしょうか？　実は、そうではありません。一見、「将来の世代ため」にみえることも「現世代のため」でもあり得るのです。この章では、順を追って、このことを考えていきましょう。まず、前段階として、現時点では、日本の財政が破綻していない理由について考えてみます。

## 2　日本はなぜ破産していないのか

一〇〇〇兆円という金額を素朴に考えると、「借金を返すことはできない」と思えてしまう金額です。今まで、借金はずっと増える一方でした。将来について考えてみても、高齢化によって高齢者を支えるために社会保障費が増大していくこと、少子化によって勤労者が減少していく可能性が高いことを考えると、黒字への転換は考えにくい状況です。日本は、このまま借金を増やし続けていく可能性は高いと考えられます。日常的な感覚からすると、「赤字続きの日本になんでお金を貸す」ということが不思議になるでしょう。現在、日本は自転車操業状態ですから、お金を貸す人がいなくなればあっという間に破産してしまいます。そう考えると、現在、日本国債を購入する人がいる、つまり、日本にお金を貸す人がいることが不思議に思えるかもしれません。そのおかげで、日本は破産せずにいるわけですから、その理由を理解しておく必要があるでしょう。

日本が現在破産していない理由は大きく分けて二つあります。一つは日本に寿命がないことです。「一〇〇〇年後には日本が消滅する」ことが確定している場合を考えてみましょう。もちろん、一〇〇〇年を超えて日本が存続する可能性はありますが、分かりやすさのためなのでお付き合い下さい。現在のように、毎年、借金を増やしていくようなことが起こり得るでしょうか？　九九九年後のことを考えてみましょう。日本消滅の一年前で、次の年には日本は消滅することが分かっています。しかも、いつも赤字の日本が次の年の収入で借金を返せるはずもありません。九九九年後には誰も日本にお金を貸してくれなくなります。このように考えると、少なくとも九九九年後までには日本は破産するはずです。そうすると九九八年後はどうでしょうか？　今から九九九年後（つまり九九八年後では来年です）には日本は破産するということが分かっていたら、九九八年後に誰がお金を貸すでしょうか？　先ほどと同じようにして、九九八年後にお金を貸す人がいないので、九九八年後にも日本は破産することが分かります。同様にして、九九七年後、九九六年後、……、二年後、一年後と考えていくと「一〇〇〇年後には日本が消滅する」のであれば、赤字続きの日本に今年お金を貸してくれる人はおらず、日本は破産するということになります。このように考えると、赤字続きの日本が破産していない理由の大きな一つは、人間と違って日本には寿命がなく、一〇〇〇年後でも存続し続ける可能性があるからだということが分かります。

上の説明を聞いても、まだ、疑問が残るでしょう。赤字続きであれば、寿命がなくても誰もお金を貸さないのではないか、寿命があろうとなかろうと赤字続きなら破産するのではないか、そういう疑問が出てくるでしょう。ここで登場するのが、もう一つの理由である経済成長です。リーマン・ショック等の影響でマイナス成長となったこともありますが、日本経済は、多くの場合、プラスの経済成長をしています。二〇〇〇年からの過去一四年間で年間の実質ＧＤＰがマイナス成長となったのは三年だけです。技術革新などが常に起こっているため、多くの場合は経済成長するのです。経済成長があると赤字続きでもお金を借り続けられる可能性が出てきます。借金が毎年増えていったとしても、その増加量と同じだけの経済成長があれば、日本経済全体に占める借金の割合（ＧＤＰ比の借金の額）は、増えていきません。経済成長があると税収も通常増えますので、借金が増えていったとしても、同じスピードで税収が増えるならば問題はないと考えることもできます。このようにして、経済成長をし続けるならば、借金を増やし続けていっても倒産しない可能性があるのです。

ここで述べたような状況は他の国にも当てはまります。他の国も、寿命がなく経済成長をし続けると考えられます。そのため、借金を続けることが可能なのです。実際、米国、英国など、主要先進国も財政収支は赤字が続いています。

なお、日本が破綻しない理由として、日本の個人金融資産の残高が、一五〇〇兆円近いことを挙げる人がいます。確かに、これは問題があっても問題が表面化するのを防ぐことができる重要な要素です。しかし、個人が抱えている負債を差し引くと、現在の日本全体の債務残高の値に近づいてきていますし、また、借金が増え続けていけば、個人金融資産残高を超えるわけですから、これは、借金を続けていくことができる本質的理由とはいえません。

## 3　日本が破産することはないのか

上記でお話をしたように、日本は借金をし続けることが原理的には可能です。それならば、安心だ、いくらでも借金をして景気対策をしてもらおう。そう考えてはいけません。何の限界もなく借金が可能なんていう美味しい話があるはずがありません。さすがに、借金の額には限界があると考えるべきでしょう。可能な借金の額を考える際には、二つの視点があります。一つはフローの視点で、毎年どのぐらいまで借金をし続けることができるかという考え方です。もう一つはストックの視点で、累積債務残高がどの程度まで可能かという考え方です。

まずはフローの視点で考えてみましょう。毎年どの程度の借金までなら可能かを考えるための一つの指標として、プライマリーバランスと呼ばれるものがあります。プライマリーバランスを日本語でいうと基礎財政収支です。プライマリーバランスは、簡単にいうと、「(借金以外の収入)－(借金関係以外の支出)」です。ここで、借金以外の収入とは、国の収入のうち税収や保有している他国の国債などから得られる収入など、借金によらない収入です。また、借金関係以外の支出は、国の支出のうち借金の利払いや国債の償還費など借金に関連するものを除いた支出です。これが黒字

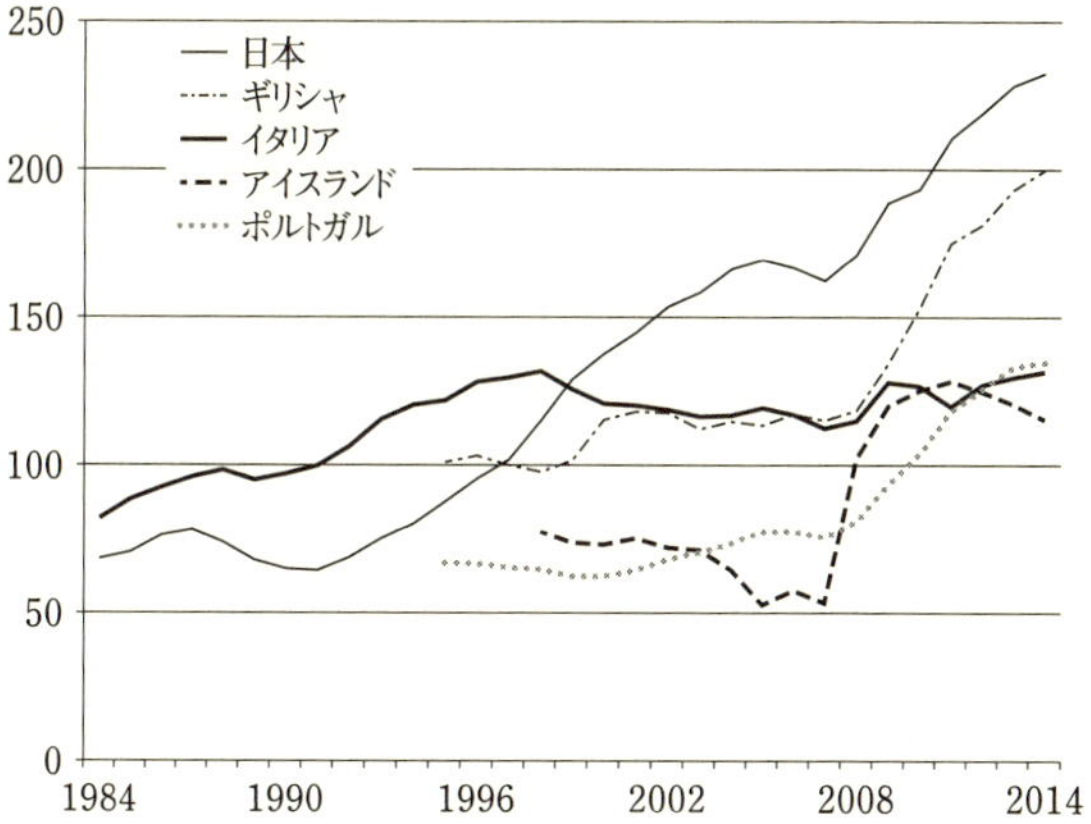


図 10-3　政府債務の GDP 比の国際比較
（出所　OECD Economic Surveys: Japan）

であれば、ある一定の条件のもと、借金のGDP比は増えず、永遠にその状態を続けることが理論上可能ということになります。

さて、日本の現状はどうでしょうか？　残念ながらプライマリーバランスは赤字です。小泉政権の時には二〇一一年度にプライマリーバランスを黒字化するという目標がたてられましたが、実現していません。民主党政権下では二〇二〇年度までにプライマリーバランスの黒字化を達成するという目標がたてられ、安倍政権でも、その目標が引き継がれていますが、内閣府（二〇一四）は経済再生ケースでも二〇二〇年度にプライマリーバランスの黒字化が達成できないという試算を出しています。このように、現在の状態は先ほど申し上げたような借金し続けられるメカニズムがあっても維持できないのです。

次にストックの視点で考えてみましょう。実は、ストックの視点で、何兆円までは借金が可能といった理論的な値はありません。それは人々の期待というぼんやりとしたものに依存するため、プライマリーバランスのように計算できるものではないのです。ただ一ついえることは、ストックの視点で日本の累積債務をみると、他の国とくらべて突出して悪い状況だということです。デフォルト懸念（債務不履行懸念）がおきたギリシャと比較してみても、ギリシャが二〇一三年にGDP比で一九三％の負債を負っているのに対して、日本は二二八％の負債を負っている計算になります(2)。この数値だけで判断するならば、日本はギリシャより悪い状況であるということになります。もちろん、資産を差し引いた後の数値ではないことや、ギリシャのように複数の国と共通である通貨ユーロを使っている国に比べて、独自通貨を使っている日本はデフォルトが起きにくいといった事情なども あり、単純に比較できるものではありません。しかし、日本の状況が決して他の国と比較してよい状況ではないことは確かだといえます。

## 4　インフレを起こして解決できるのか

借金があるなら、インフレを起こして問題を解決したらいいのではないかという疑問もあるでしょう。一〇〇〇兆円という借金の額が減らなくても、インフレで貨幣価値が下がれば実質的な負債が減るように思われるからです。直感的にはそれで問題が解決するのではないかと思ってしまうかもしれません。しかし、どうやってインフレを引き起こすのかという問題と、インフレの悪影響の可能性の問題があります。

インフレを起こす確実な方法として、国債をいっぱい発行して、それを日本銀行に買い取ってもらい、国が得たお金でどんどん無駄遣いをするという方法があります。この方法には問題がありそうだということはすぐに分かっていただけるでしょう。国債をいっぱい発行するわけですから、国債発行残高の減少にはつながりません。日本銀行が買い取りを続ける限り、国債の債務不履行（デフォルト）という意味での破綻は発生しませんが、インフレが止まらず経済が破綻してしまいます。上記のような問題がある方法がとられないように、国債を日銀に直接引き受けてもらうことができない、日銀はバランスシートを保たなければならない、というルールがあります。

次にインフレの悪影響を考える必要があります。まず、インフレは金融資産に対して税を課すのと同じ効果をもつ側面があることを考える必要があります。もし、突然国がインフレを起こして貨幣価値が二〇％減ってしまったとしたら、貯金の価値が二〇％減ることになります。このように、貯金や債権などの金融資産を目減りさせることによって、政府が自分の負債の負担を軽減しようとした場合、形をかえて税金を課したのと同じことだと考えることができます。

さらに、インフレによってそれまで保有していた国債の価値も下がることにも注意する必要があります。突然のインフレによって国債の価値が下がった場合、国債を保有している銀行や年金基金等が大きな損害を被ります。そのため、国債の償還金の全てを支払わないデフォルトが起きたのと同様の効果があると考えることができます。国の信頼が損なわれ、それ以降、国債を発行しても高い金利を要求されるでしょう。

このように、ほどよいインフレを起こすことはそれほど簡単ではありませんし、また、インフレを起こした場合には、いろいろと問題もあると考えられるのです。

## 5　財政破綻するとどうなるのか

国の財政が危機的状況になるとどのようになるのでしょうか？　ここでは、わが国の例として戦後の日本について考えてみましょう。戦後の日本では、まず、インフレがおきました。一九四五年から一九四九年の間に七〇倍ものインフレにみまわれています。七〇倍のインフレが起きると一個一〇〇円のパンが七〇〇〇円になり、一〇〇〇万円の貯金が一四万円ほどの価値になる計算です。さらに、普段は行われない超法規的な政策が次々と実施されました。一九四六年には預金封鎖が実施され預金の引き出し量が制限されました。月に世帯主三〇〇円、世帯員一人あたり一〇〇円が引き出し限度額となりました。昔の金額なのでぴんと来ませんが、国家公務員大卒初任給五四〇円ですから、三〇〇円は約一二万円ぐらいと考えるといいでしょう。同時に新円への切り替えが実施され、いままで持っていた現金は一旦新円に切り替えなければ使えないようになりました。現金で貯蓄していても、新円に切り替える際に資産量を政府が把握することができるようになったわけです。その上で、動産、不動産、預貯金等に対して、二五～九〇％の資産税が課されました。資産が多い富裕層ほど高い税率が課せられましたが、中間層にも税金が課されました。これらによって、戦前に持っていた資産は著しく減価したといわれています。戦後の日本ほどではありませんが、現代でもキプロスでは、金融危機の際に、預金封鎖と預金への資産税が課されました。

## 6　将来と現在の関係

さて、長々と日本の財政について考えてきましたが、本題に戻りましょう。先ほど、「一〇〇〇年後」に日本が消滅するなら、「今」日本は破産する、という話をしました。このように、遠い未来のことが、現在に影響を及ぼし得るということはよく理解しておく必要があります。現在、日本は負債を多く持っている一方で、資産も持っていたり、個人金融資産が多くあったりと、いろいろよい面もあります。しかし、将来のことを考えずに、今は景気が悪いからしょうがないと、安易に借金を増やす方向にいくのは危険です。将来もこのように、少し景気が悪くなるたびに、借金を増やし、遠い未来かもしれないが最終的には日本は破産するのではないかといった憶測が出てくるからです。そうすると、国債のうちでも長い期間お金を貸すことになる長期国債はなるべく持たないようにしよう、そういった動きが出てきてしまいます。そういった不安感が広がっていくと、国債の長期の金利が上昇します。つまり、信用される度合いが減ってお金を借りるための金利が大きくなってしまうのです(3)。一度、長期金利が上昇すると、それがまた新たな不安をよびます。金利が高くなると、借金返済が大変になるからです。長期金利上昇のニュースを聞いて、購入する量を減らすかもしれません。これによって、さらに金利が上昇します。すると、ますます日本の懐事情は苦しくなります。このように、将来の不安が長期金利という市場予想を通して、現在の問題として現れてくるのです。日本の長期国債は満期が最も長いもので四〇年です。日本の四〇年先の経済状況が非常に悪いと予想されるならば、四〇年物の国債を買う人はいないでしょう。少なくとも四〇年先の将来のことが、現在に直結していることが分かります。(4) さらに、四〇年後には、新たな借金をして、この四〇年物の国債のお金を返金しないといけないわけですから、四〇年後に借金可能であるかが問題になります。つまり、四〇年より先の将来のことも影響があるのです。「一〇〇〇年後」の例を挙げて述べたように、原理的には遠い未来のことも現在に影響を及ぼしうるのです。

ギリシャの場合はEUがギリシャを支援しましたが、日本が危機に陥った時に、同じような支援は受けられない可能性は高いと思われます。ギリシャに比べ日本の経済規模が大きく、その抱える負債が巨額すぎ、支援しても十分な効果がえられないと考えられるからです。そのため、一旦、長期金利の上昇という形で、危機が表面化した時には、手遅れで支援も受けることができず、破綻に向かうという可能性があるのです。

つまり、「将来世代のために」と考えて行動することは、実は、めぐりめぐって現世代のためにもなり得るのだということを考える必要があります。将来世代の負担を減らすために歳出削減に取り組むことに協力したり、消費税増税を受け入れたりといったことをすると、国債の長期金利が低下して、現在の突然の破綻の可能性を小さくするのです。将来どうなるかという予測は、長期金利を通して現在に大きく影響を与えるのです。ですから、将来予測に影響をあたえる「将来のために」なされる行動は、そのプラスの影響が、めぐりめぐって現在の経済状態に反映されていくのです。つまり、単に将来世代のためになるだけではなく、現世代のためにもなることも多いのです。

今は、分かりやすさのために、負債が多い日本を取り上げましたが、日本以外の多くの国も財政赤字を続けています。このような国では、同じく将来に危機的状況が起こるならば、めぐりめぐって、今、借金を返せとなって、現在危機的状況に陥る可能性があります。単に財政黒字をめざせばよいという問題でもありません。将来、枯渇性資源の減少や地球温暖化によって壊滅的な状況が起こることが確定した場合にも、同じ論理で、財政赤字を続けている多くの国が危機的状況に陥る可能性があります。これは実は国の問題だけでもありません。分かりやすさのために、国の財政問題をとりあげましたが、組織や社会には寿命がないことが前提となってどうにかなっていることがたくさんあるのです。つまり、いろいろな面で「将来世代のために」行う行動は、単に将来のためだけではなく、現在に突然に振りかかるかもしれない破滅的なことがおきる確率を下げるという効果があり、決して将来の世代の人のためだけのものではないのです。

## 7　問題を解決するために

日本の累積債務が問題であることは、古くから十分認識されていました。どうして、このように膨らみ続けてきたのでしょうか？　この原因の一つは、財政再建のためには、どうしても不人気政策に踏み込まなければいけないことが原因として挙げられます。一般の人々の生活には変化を与えず政府を効率的にすることだけで問題を解決できればいいのですが、無駄を排除して効率化すれば問題は解決するというものではないのです。たとえば、公共事業削減や公務員の給与削減で問題を解決することはできません。公共事業関連費は図10-1にあるように例年より多い平成二六年度でも六兆円、国家公務員の給与の総額は約五兆円ですから、両方あわせて一一兆円です。この両方をゼロにしたとしても、プライマリーバランスの黒字化を達成することができないのです。政府の効率化をはかっていくことはとても重要ですが、それだけでは財政再建を果たすことはできないことが分かります。財政再建をはかるためには、どうしても、増税や社会保障費の削減といった不人気政策に踏み込まざるをえないのです。

将来世代のために財政再建をすすめることは、実は、現世代のためにもなっていても、どうしても、人々は目先の利益にとらわれすぎる傾向があります。また、第1章で話があったように、人々は過度に楽観的な傾向があります。将来的にも、少子高齢化で社会保障費負担が大きくなるなど、人口学的には大きな問題を抱えていますが、そのような問題を無視しがちです。そのため、世論が財政再建をすすめるための政策を阻む要因の一つとなります。たとえば、消費税増税は常に大きな抵抗にあい続けてきました。消費税の導入を掲げた大平首相はその後の選挙で敗北、消費税を導入した竹下首相も最低の支持率を記録して退陣においこまれ、消費税を五％に引き上げた橋本首相も選挙で大敗した後に退陣しています。これらの歴代の首相は消費税以外の要素で人気を低迷させた側面もありましたが、消費税の導入は一つの大きな原因と考えられます。政治家が消費税増税をためらう理由の一つがここにあります。このような問題は、財政の問題だけではありません。環境問題の解決のためにも、環境税の導入のような不人気政策をとる必要が出てきます。そのため、同じように、問題を先送りしてしまいがちになるのです。

それでは、どのようにして、この問題を解決したらよいのでしょうか？　これはとても難しい問題です。ここで述べた、現世代にも利益になるという啓蒙は一つの方法です。しかし、これはすぐに理解できるようなものでもありませんし、また、全ての問題に適用できるものでもありません。現在、様々な論文で行われている財政シミュレーションは、この問題を解決するための重要な要素です。しかし、一般の人々を動かし政治が動くようにするためには、それだけでは不十分です。そこで出てくるのが本書で提案されている「将来世代の代表を作る」という方法と「熟議」を行うという方法です。

「将来世代の代表を作る」ことには三つのメリットがあると考えられます。第一に、将来世代の代表という役割をあてられることによって、より精度が高い将来予測を立てられるようになることが挙げられます。現在でも、将来の予測を官公庁で行っていますが、将来世代の代表という役割が与えられることによってモチベーションが変わると考えられます。課せられた責務を果たそうという責任感も出てきますし、将来世代の代表としての仕事が将来世代によってあとで評価されることも意識するようになるでしょう。また、現在の予算編成などで損得が生まれる立場でもありません。そのため、現状を悪くみせないようにするために、経済成長率を高く想定してつじつまを合わせる将来予測をするといったこともなく、より正確な将来予測をたてることが可能であると考えられます。

第二に将来の予測について、より一般の人から信頼を得やすくなると考えられます。既存の省庁が将来予測をたてた場合、その省庁の利益のために歪められているのではないかという穿った見方が出てきます。そこで、より中立的な立場である将来世代の代表が行った将来予測の方が信頼されると考えられます。財務省が行うシミュレーションは残念ながら税金をあげるためのシミュレーションだと批判されてしまうことがあります。将来世代の代表として行うシミュレーションの方が信頼されるでしょう。

第三に、仮想的ではあっても将来世代の代表という人間がいることによって将来世代をイメージしやすくなるという長所があります。人間は他人に共感し、他人のために行動をすることができますが、影も形もない将来世代という漠然としたものは想像しにくく、それゆえに、将来世代のことを無視してしまいがちになります。そこで、将来世代の代表という立場の人から語りかけられることによって、将来世代のことを想像しやすくなり、より将来のことを考えた意思決定ができるようになると考えられます。

一方、「熟議」を様々な世代がいるグループで行う事には二つのメリットがあると考えられます。第一に、普段、一緒に政治的な話をすることがない人々が熟議を行うことで、今までとは異なる意見をもつ可能性があることです。高齢者と若い世代が話をする機会があったとしても、意見の対立があり得る政治の話をする機会はあまりありません。このような状況は、高齢者は高齢者にとって都合がよい意見を、若い世代は若い世代に都合がよい意見を形成しやすい状況といえます。そこで、あえて立場が違う世代の人々を集めて財政問題について熟議を重ねることで、比較的中立的な意見形成がされる可能性があります。

第二に、行った議論の過程を、インターネット等を通じて公表することで、熟議に参加しなかった人々の意見も比較的中立的な意見になる可能性があることです。熟議に直接参加できる人の数は限られています。しかし、熟議に直接参加しなくても、その議論を聞き、そのような熟議の場を想像することで、人々は、自分の意見形成を変えることができると考えられます。

## 注

（1）普通国債残高は七八〇兆円ほどです。ここでは、普通国債残高のみ述べていますが、これに政府短期証券など別枠の借金を加えるともっと大きな額になります。

（2）OECD Economic Surveys: Japan - OECD © 2013

（3）国債は、将来の決まった時に決まった額を貰える権利です。その権利の価格が市場で決まります。ここでは、分かりやすさのために長期金利なるものがあるだけのように説明していますが、実際はもっと複雑です。固定利付型国債だと決まった額のお金を利息としてもらうことができます。こういうと、金利が変わらないように思えるかもしれませんが、固定されているのは表面上の金利です。この利息をもらえる権利（国債）の価格が市場で変動するのです。この価格を使って、実質的な金利を計算することができます。本文中で述べた金利は、この実質的な金利です。国債の価格が下落すると、（実質的な）金利が上昇するという関係にあります。

（4）実際は六〇年ルールという、借り換えをしながら六〇年かけて返すということになっているので、六〇年先まで現在に直結していると考えてもいいでしょう。

# 第11章　発想の転換から新しい価値を生み出す

尾崎雅彦（1）

## 1　はじめに――発想の転換が生み出す新しい価値

電気自動車（EV）は、環境負荷のかからない次世代自動車として期待されている。日本においても政府や企業がEV普及をめざし様々な対策を打ち出している。しかしながら、EVが十分に普及しているとはいいがたく、二〇二一年度の新車（ガソリン車）販売台数約五二〇万台に比して、EVは〇・三％程度の一万六〇〇〇台強（一般社団法人次世代自動車振興センター調査）にとどまっている。また、政府による積極的インセンティブ施策による購入負担の低下や充電施設の整備に加え、企業の最大限の努力により（販売価格の多くを占める）バッテリー価格の低下や航続距離の伸びが進んだとしても、二〇三〇年の販売シェアはプラグイン・ハイブリッド車を含めてなお一五～二〇％

にとどまると試算されている。本章では、発想転換によって新たな価値を生み出す可能性の今日の事例として、ＥＶについてその可能性を探りながら、フューチャー・デザインの必要性を議論してみたい。

周知のようにＥＶはテクノロジーに支えられた工業製品であるが、新しいテクノロジーの本格的な普及に時間を要することは歴史が示している。経済史学者のポール・Ａ・デビッド（スタンフォード大教授）の研究によれば、工場動力の電化（モーターの導入）においては、蒸気機関時代の「動力は工場の中央にあるもの」という既成観念から脱し、モーターが普及するのに三〇〜四〇年を要している。今の私たちからすればモーターの蒸気機関に対する優位性は明らかである。蒸気機関は巨大で重く、一度設置すれば移動させることは困難であり、また生み出した動力エネルギーを伝達する距離は短い。そのため工場の中央に設置された蒸気機関を囲むようにして作業場が設けられ、作業スペースを増やすためにはそれを二段重ね、三段重ねと立体的に積み上げるほかなかった。蒸気機関を動力源とした工場は、作業の動線が非効率であるとともに労働者にとって極めて危険な職場だったのである。それにもかかわらず、電力供給が安定化し、かつ価格が低下してなお、モーターの普及に時間を要したことは驚きである。発想を転換し、効率的な動線に沿って動力源であるモーターを分散配置することで成果を上げた事例が知られるようになって初めて、工場動力の電化は本格的に普及したのである。

イノベーションは説明するまでもなくシュンペーターが一九一二年に「経済発展の理論」で提唱

した概念であり、carrying out new combinations：「新結合の実行」と定義されている。新結合の類型として、「新しい財貨の生産、新しい生産方法の導入、新しい販売先の開拓、新しい仕入先の獲得、新しい組織の実現」が示されており、わが国ではイノベーションという用語が欧米に対する技術キャッチアップによる高度成長期に伝播したため、技術革新や新技術に基づく新製品（プロダクト・イノベーション）・新製法（プロセス・イノベーション）がイメージされることが多いが、本来の定義では新テクノロジー以外の既存の技術や技能等も広く含んだ概念となっている。イノベーションという現象は、前述の新しい技術の使い方に対する発想の転換ということのみならず、もっと多様な発想の転換によって引き起こされるのである。

頭脳が、発想ないし発想の転換の源泉であり、そこから生まれた個人のアイデアが企業等の組織集団内での議論を通じて磨かれ、それらが淘汰や模倣を経て企業間で共有され、さらに産業間、国家間に拡大し人類全体に新たな価値を創造し、知恵、知識、スキルや技術となる。このイノベーションが発生し結実するプロセス（イノベーション・プロセス）は、泉から湧きだした水の流れが小川となり、下流になるにつれて豊かな水量を抱く大河となり、多くの動植物に滋養を与え、最後には生命の源である大洋となることにたとえることができる。人類社会の中で無数に発生する個人のアイデアが、大河や大洋となる可能性が高まれば高まるほど、私たちの生活は豊かになるだろう。しかし、川がたくさんできれば良いという訳ではなく、川の流れを必要に応じて方向修正する必要もある。技術の発展はときにはデザインされなければならないのである。

## 2　将来世代が直面する諸課題

私たちが生活するこの日本において、将来世代である私たちの子どもたちやその子孫は生活水準を維持または向上するために、多くの課題を克服しなければならないだろう。現在の日本経済が抱える主要な課題として①少子高齢化・人口減少問題、②世界経済多極化による国際競争力の低下、および③気候変動・自然災害問題が挙げられ、これら諸課題は現代世代が対応を誤れば時間と共に深刻化し、将来世代に多大な負担を与える可能性があるのである。将来世代は、国土の大部分が過疎化し国土保全や社会資本維持も困難な社会で、縮小再生産と気候変動・自然災害問題を甘受することを余儀なくされる生活を強いられることになるかもしれないのである。

諸課題への対応はタダではできない。現代世代が自らの欲求を満たすことをある程度抑制することなくしては実行できないが、第1章で述べられているように近視眼性といったヒトの特性や楽観バイアスジレンマが実行を妨げる可能性が高い。このことは経済学の世界でも古くから議論されており、厚生経済学の分野を確立したことで知られるアーサー・C・ピグーは「人々の望遠能力には欠陥があり、……現在と近い将来と遠い将来との間に、まったく非合理的な選好を基礎に資源配分をし、将来への努力は不足する」と一九二〇年に著した論文の中で述べている。さらに、経済学界を代表する経済学者の一人であるポール・A・サミュエルソンは、親子が共存する近未来において子世代の合理的行動は親世代の負担によって得られたリターンを親世代に還元しない（老親を扶養しない）ことであり、親世代の合理的行動はこれを予測して課題対応を実行しないという状況を生む恐れがあることを一九五八年の論文の中で理論的に明らかにし、「老親の扶養問題が一回限りのゲームならば合理的な子どもは親を扶養しない」ことを示した。たとえヒトの特性や望遠能力の欠如が補完され、現代世代および将来世代の双方が合理的な行動をとると仮定したとしても、現代世代が将来世代のための行動をとらない可能性について、小林慶一郎（慶応大学教授）は、「世代間協調の不可能性」と呼び、財政再建、地球温暖化や使用済み核燃料の処分といった政策課題は一回限りのゲームであり「世代間協調の不可能性」が生じると述べている。

したがって、第1章で示されたイロコイ・インディアンの個人の合理性を超えた倫理・規範が注目され、第4章で述べられた将来省やドメイン投票といった社会システム上のデバイスを用いたフューチャー・デザインが重要となる。しかし、そのようなデバイスの整備には時間を要する可能性が高く、他方、諸課題として前述した①少子高齢化・人口減少問題、②世界経済多極化による国際競争力の低下、および③気候変動・自然災害問題は待ったなしであるので、私たち一人ひとりが、コストが低く（現代世代への負担が小さく）かつ技術的制約の小さい将来世代のリスク軽減策、いわば草の根フューチャー・デザインを検討し実行することを考えなければならない。

発想の転換で、今こそ私たちは、他者に依存することなく能動的に行動するときなのかも知れない。新しい何かが整備されたり供給されたりすることを待つのではなく、身の回りにある既存のものを活用することで新しい価値を生み出し様々な問題を自力で解決できれば、自らが望む場所でコミュニティを維持し、地方によって異なる固有の地域特性を活かした経済・社会・文化活動を行うことができる社会を次世代に継承できる可能性があるのである。

すでに存在するＥＶ（廃車になったガソリン車を改造したコンバージョンＥＶを含む）を自動車として考えず、発想を転換し多目的動力機器として捉え、小規模な再生可能エネルギーと組み合わせてネットワーク化し、地域の自律的エネルギー網として活用することで低炭素かつ安心・安全地域社会を構築することも、その可能性の一つであろう。

## 3　発想の転換で生まれる新たな価値——ＥＶのポテンシャル

あまり知られていないことであるが、わが国ではこれまで四度のＥＶブームがあった。最初は昭和初期の経済恐慌がもたらした過剰電力、二度目は戦後のガソリン不足、三度目は七〇年代の大気汚染問題、そして四度目は九〇年代の環境問題を背景として、ＥＶは一時的に注目されてはその問題の深刻さが薄れると共に忘れ去られたのである。そして、二〇〇〇年代後半から現在に至るまでＥＶへの注目度は盛り上がってきている。しかし、今回も一時的なブームに終わるかもしれない。なぜなら、ガソリン自動車に対するＥＶの自動車としての弱点は今もなお解消されているとは言えないからである。ＥＶのわが国最初のブーム期において自動車技術（内燃機関）の第一人者であった隈部一雄博士は、一九三〇年の燃料協会第八五回例会講演で次のように述べている。

電気自動車は……ある一面において非常に優秀な性質を持ち、特に単にトンキロ当たりの運転費のみをもって比較すれば概して揮発油自動車よりも経済である……過剰電力の消費を促進する必要上最近電気自動車の宣伝がかなり行われ、中には現在の揮発油自動車を電気自動車に代え得る如く誤信している人を見受けるが蓄電池が画期的の改良を受けない限り、斯くの如きことはあり得ない、重量の大なること、充電に時間を要し一回の充電によって走り得る距離が短いこと等は電気自動車の根本的の弱点である

八〇年余りの時を経て、EVの性能は技術進歩により当時に比べれば格段に向上した。しかし、ガソリン自動車の性能もまた同様に改善されており、自動車として考えた場合の相対的な優劣関係に大きな変化はないのである。

しかし、EVは工業製品として見た場合、極めて高いポテンシャルを持っている。四つの基幹部品（モーター、バッテリー、インバーター、およびエレクトリックコントロールユニット）で構成され、数万点の部品をインテグレートしなければ製造できないガソリン車とは全く異なる性質を持つことに着目すれば、需給両面での革新が考えられるのである。

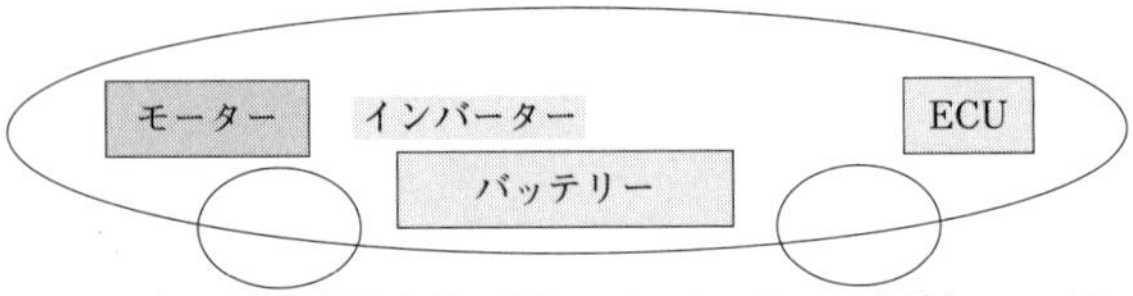


・グレードの異なる基幹部品を組み合わせることによって多様なニーズやニーズの変化に対応可能
　ローグレードな部品で構成　→　低機能・低価格EV，逆は逆
　家族が増えた・通勤距離が伸びた　→　一部部品をグレードアップ

買い手が仕様を決定する

図 11-1　EV のポテンシャル 1（モジュラー化）

## モジュラー化

供給面では、ＰＣのようにグレードの異なる基幹部品を組み合わせることによって、選択的な機能をそれに見合った価格で供給でき、部品レベルの量産効果と最終製品レベルでの多様化が両立可能となる。需要面では、ＥＶのオーダーメイドによる注文やパーツ交換のみによる大幅かつ低廉な機能変更が可能になる。たとえば、一日当たりの走行距離が現行のＥＶの航続距離を下回る自動車ユーザー（全体の九割超を占める）は、高価なリチウム電池を諦め、鉛電池を選択することで航続距離が半分になっても、価格が三分の一以下の百数十万円程度になるなら買ってもいいと考えるかもしれない。また、家族構成や勤務地が変わることで搬送重量や日々の走行距離が変化するなどといった用途の変化や、リチウム電池の将来の価格低下が気になり現時点でのＥＶ購入を躊躇する需要者は、購入後に車本体を買い換える必要はなくパーツ交換のみで対応可能なのであれば、安心して購入できるだろう。このように、ＥＶを従来の車のように、メーカーによって設定された機能を決められた価格で購入する商品ではなく、ユーザーサ

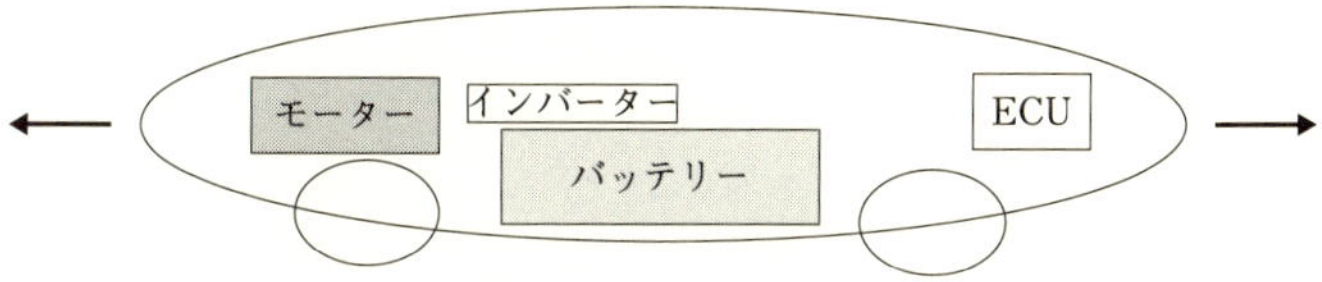


・EVは走る動力源であり電源。
・動力および電力を外部に取り出す機能を付加すれば，MMU（ムービング・マルチパーパス・ユニット：自走式多目的機器）と呼べる工業製品になる。

輸送手段としてだけではなく多用途に使える

図11-2　EVのポテンシャル2（MMU化）

イドが価格を考慮しながら必要な機能を決定し購入する商品であると需用者・供給者双方で発想を切り替えることができれば、潜在的な需要が掘り起こされ、普及が促進される可能性は高まるであろう。

## MMU化

さらに、EVはMMU（ムービング・マルチパーパス・ユニット：自走式多目的機器）として、すなわち車としてのみならず多目的ツールとして使える可能性がある。EVを走る電源・動力源と考え、電力・動力（モーターの回転力）の外部伝達機能を付加すれば、車内でのAV機器やPCへの電力供給や携帯電話等への充電、必要ならば電子レンジなどの家電にも使用できるので、書斎やエクストラな別室として使用することはもちろんのこと、車外にも電力および動力が提供できるので戸外に設置した諸電動機器、井戸用揚水ポンプ、シャッター開閉、工具類、散水器、塗装噴霧器、あるいは高齢化が進めば必要度を増す車いす用リフトや少人数用エレベーター等々、多様な機器の動力源として利用できる。モーターは内燃機関と異なり、MMUに接続される機器類は個別の動力源を必要としないシンプルな機構なので、低価格、低メンテナンスコストかつリソースの節約にもなる。さらに太陽光パネルとリンクさせれば、温室効果ガス排出量ゼロかつ一層の低ランニングコストを実現し得るだろう。

## ネットワーク化

加えてMMUをネットワーク化することでさらに活用可能性は高まる。コミュニティに散在する複数のMMUを、クラウドによる需給情報交換により必要に応じて集中させ相互利活用できれば、地域において散発的・集中的に発生する電力・動力需要（街路緑地化、作物収穫、水産物の陸揚げや水門の開閉等）を、常設動力設備によらず満たすことができる。言わば必要に応じて構成を変え、必要なときにのみ利用できる柔軟かつ効率的なエネルギー網＝MMUネットワーク網が構築できる。また、地震や気候変動による干ばつ・洪水等の災害に罹災し、ライフラインが途絶するような非常時には、残存MMU（地域内で分散設置されているMMU＋太陽光パネル。これらが同時にすべて破壊される確率は極めて低い）を広域避難所等で集中利用し、救出を待つまでの間のライフライン機能を代替できる。また、もし、地域内全世帯にMMU＋太陽光パネル等の再生可能エネルギー源をネットワーク配備できれば、維持コストが低廉かつ移設可能な自立型地域ライフラインシステムの構築をも可能とするだろう。同システムは、経済成長余力の低下と過疎化の進展を背景に、既存インフラが維持困難となった過疎地や、簡易インフラ設備として途上国における開拓地での利用が考えられる。

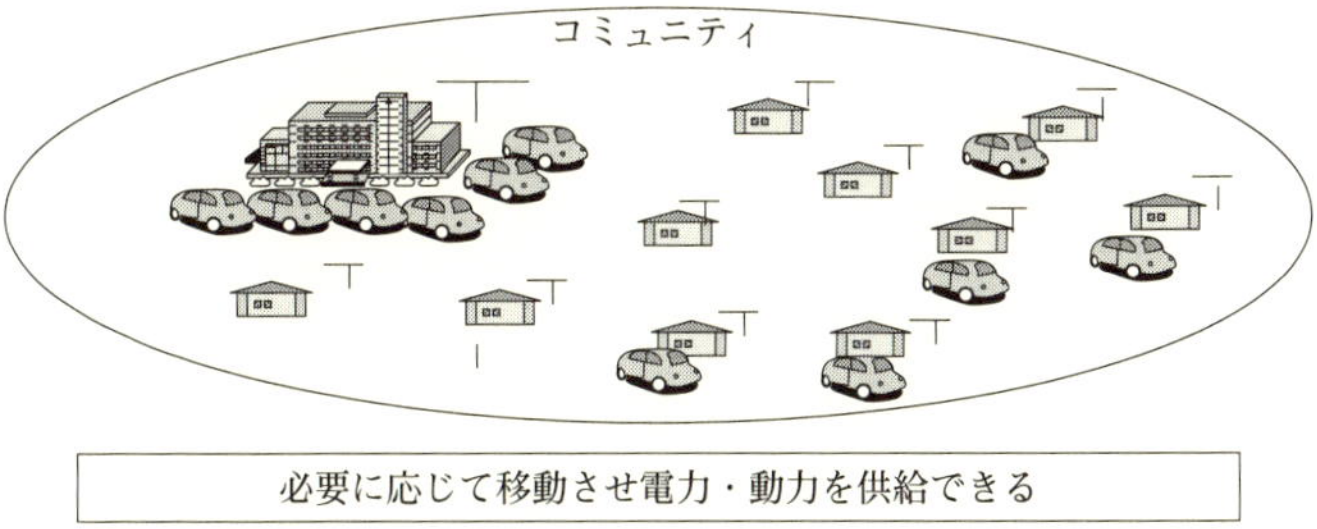


図 11-3　EV のポテンシャル 3（ネットワーク化）

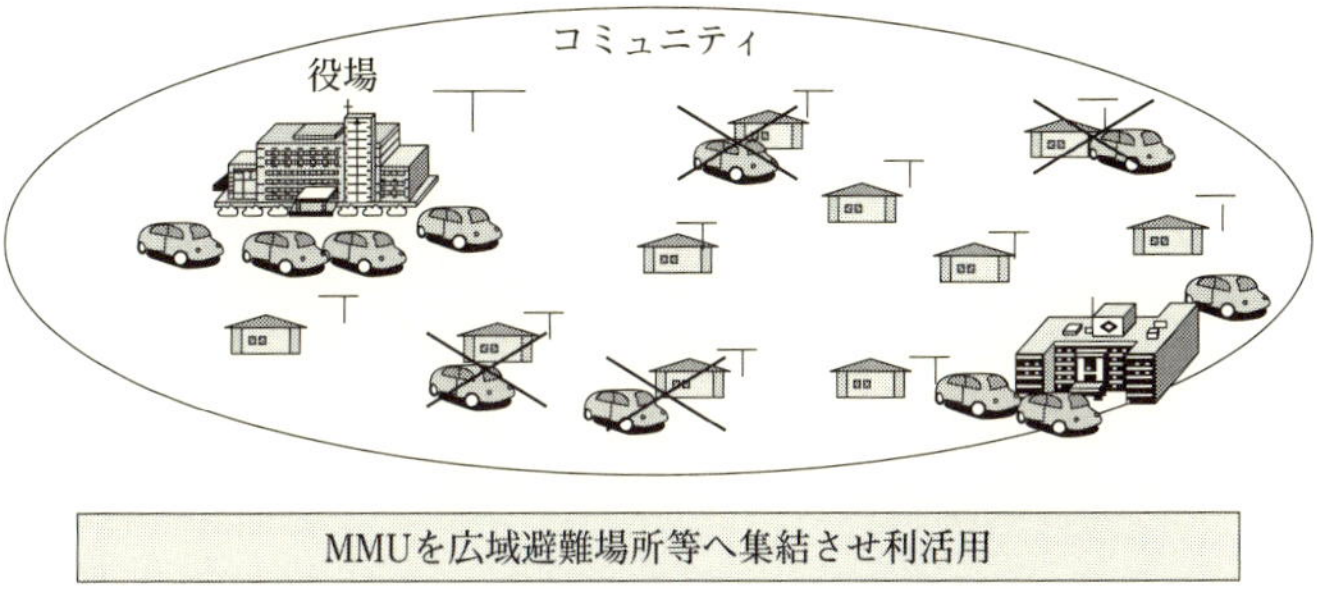


図 11-4　MMU 利活用による防災・減災

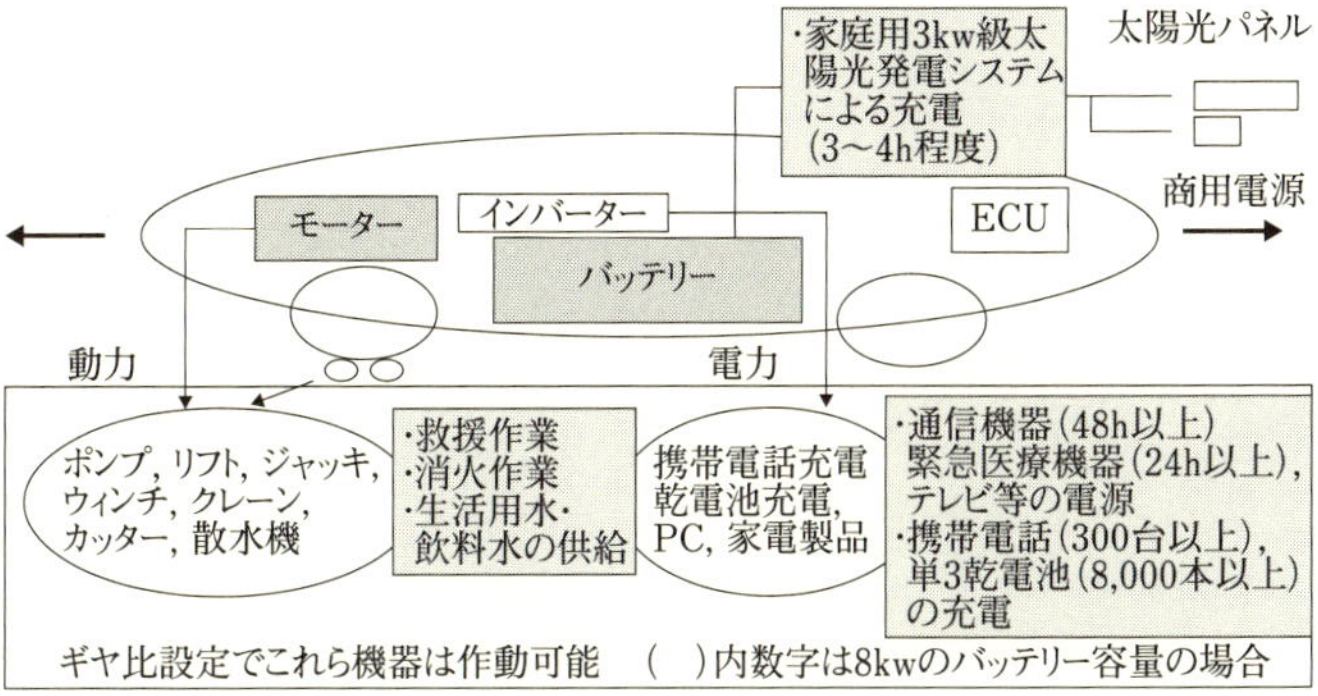


図 11-5　MMU 利活用による防災・減災

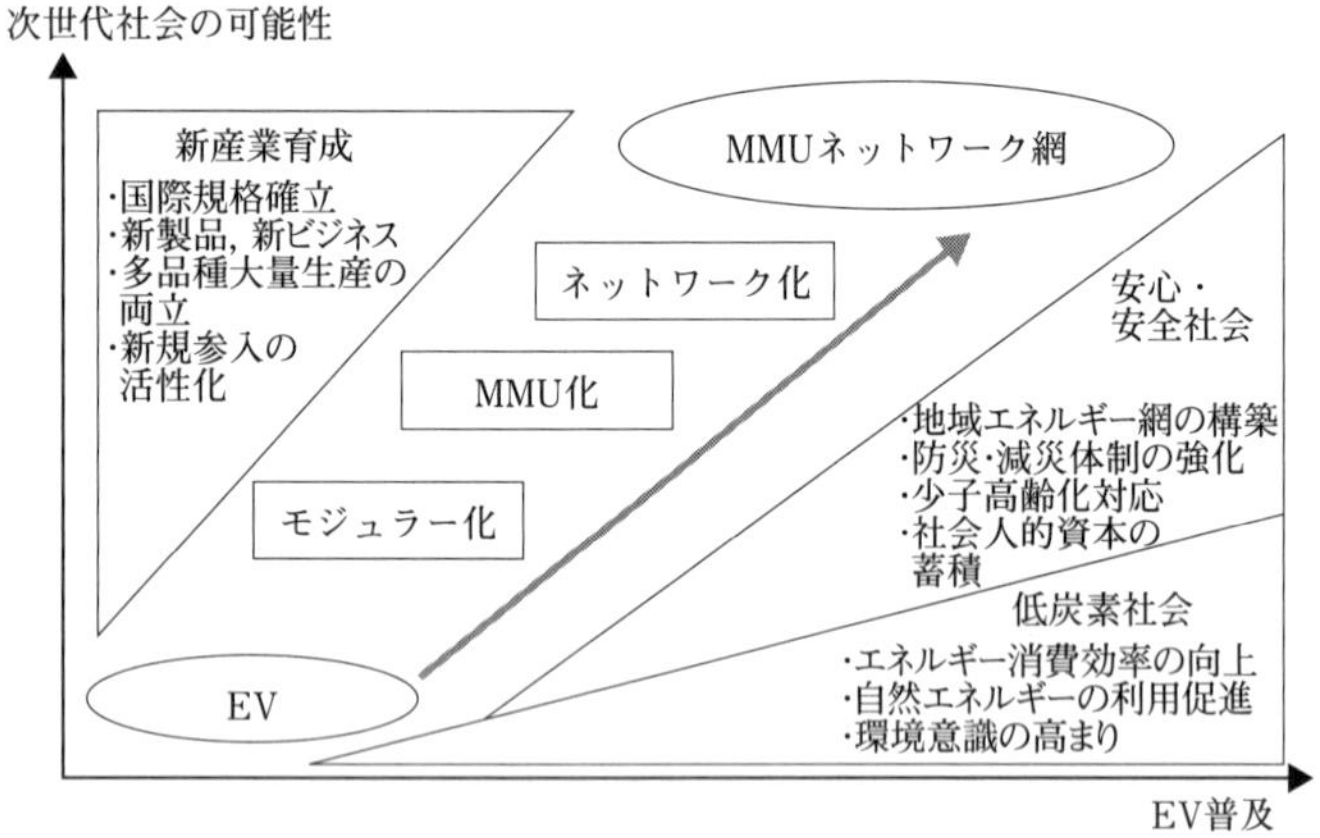


図 11-6

冒頭で述べたように、使い方に関して発想の転換、この場合、ＥＶを自動車として考えずＭＭＵ（多目的動力機器）と考えることで、現世代に大きな負担をかけず、次世代をはじめとする将来世代に環境負荷が少なく、低コストで、災害時にも強く、また自由度が高くかつフレキシビリティのあるエネルギーを引き継ぎ、低炭素、安心・安全および経済活力ある次世代社会構築の可能性をもたらすことができるかもしれないのである。

## 4　技術におけるフューチャー・デザインの役割

現世代の近視眼的行動は、将来世代のリスクを高める可能性を持つだけでなく、イノベーション・プロセスにおいても様々な問題を発生させる恐れがある。フューチャー・デザインでは超長期的視野を持ち将来世代の視座で俯瞰し、それら諸問題の発生を抑制するしくみを提案するのである。第2章で議論された将来省はフューチャー・デザインを行うための社会システム上のデバイスの一例である。

一九九〇年代頃までは、わが国政府および企業は新技術開発・技術高度化を重要視し、比較的長い目で投資する戦略をとっていた。しかし、二〇〇〇年代頃からは、技術の複雑性の高まりおよび需要の細分化や変化速度の増大に、リーマン・ショックを背景とする不確実性の上昇が加わり、リスク軽減を図るため、近視眼的行動をとる可能性が高まっている。具体的には、収益性の下がった技術、収益予測が困難な技術、あるいは短期間に収益を発生できない技術に対する研究開発が抑制されることが考えられる。私たちは、私たちの生活を豊かにしてくれている技術のいくつかは、当初の研究目的から外れたセレンディピティ（副産物）であることを歴史から学んできた。付箋、ラップや使い捨てカイロなどはその事例である。また、枯れた技術として新しい技術に代替された技術が復活する可能性があることも知っている。たとえば冷蔵倉庫の冷媒がアンモニアからフロンに切り替えられた後に、オゾン層破壊問題によって再びアンモニアに変更する必要が出てくることとなった。現在でも、バッテリー分野でニッケル系電池の技術がリチウム電池の出現によって急速に消滅しつつある。もう数年もすれば、仮に発火問題等によってリチウム電池の使用に問題が発生したとしてもニッケル系に戻れないかもしれない。このように、現世代の選択が将来世代の選択可能性を狭める恐れがあるのである。前節までで述べてきたEVに関連する技術も、フューチャー・デザイン的視点がなければ、EVのポテンシャルはポテンシャルのままで開花することなく消え、将来世代が活用できる可能性を失わせてしまう恐れがある。

さらに、技術に関して現世代は将来世代に対してより難しい問題を抱えている。それは技術の高度化と安全性についてである。高い収益が期待できるからといって、現世代が安全性の確認が十分ではなくコントロールも困難であることが予想される技術に資源を投入することで、将来世代は不測のハザードと資源の不足という二重のダメージを被る恐れがあるのである。原発やバイオなどにその危険性があり、行政が慎重にモニターする仕組みをつくる必要があるだろう。このこともフューチャー・デザインの対象として検討されなければならないのである。

## 5　おわりに

私たちだけでなく将来世代の生活を豊かにするためには、現世代の近視眼的行動や利己的合理的行動を修正する必要があり、将来世代の視座を持った行政が担うべき役割が様々な局面で存在する。取り扱う領域や専門を縦割りにされた現在の行政組織ではそれら役割を担うことができない。したがって、問題意識を持った個人や組織がアドホックに対応せざるを得ず、それでは効果を期待することは到底できないだろう。もし、私たちが持続性ある人類社会構築を望み、少なくとも次世代に様々な選択肢を伝承することが必要と考えるならば、将来省といった組織は不可欠な存在なのである。

発想の転換は、将来省の誕生を待つことなく、個人レベル・コミュニティレベルにおける許容範囲内での自助努力による草の根フューチャー・デザインを可能にし、小規模な新しい価値を生み出すことはこれまでに述べたとおりである。しかし、その重要性はそれにとどまらないだろう。フューチャー・デザインのキーデバイスである将来省の誕生を実現するプロセスにおいて、何よりも私たち社会全体に求められるものが発想の転換なのである。

注

（1）本章執筆にあたっては、上須道徳ＣＥＩＤＳ（大阪大学環境イノベーションデザインセンター）特任准教授から文章構成等につき的確な助言を頂戴した。ここに深く謝辞を述べたい。

# 第12章　夢見る子孫繁栄

栗本修滋

## 1　子孫繁栄の構想

### お寺の渡り廊下

私の住んでいる都市に一三〇〇年の歴史を持つ古刹がある。その寺の本堂と庫裏とを繋ぐ廊下に仏画が掲げられている。三〇年ほど前、ふと仏画が目に入り、何気に眺めていると、私と同年齢くらいの副住職が声をかけてくれた。「自分はまだ仏教について十分に理解ができていないけれど、その絵に何人もの人が何百年も手を合わせ続けていると考えると、その絵は大きい存在だとつくづく思うし、手を合わされ続けることによって絵も生き続けていると思う」と言われた。

当時市役所に勤めていた私はお寺の山を市民に開放してほしいとお願いに行って、住職から快い返事をいただいた。その覚書を締結することになった時、住職はやさしく言われた。「役所に勤めている人は役所がいつまでも続くと思っているかもしれないが、役所も長くは続かない。千年以上の寺の歴史の過程で、寺は何度も政治の仕組みに翻弄された。江戸幕府から明治政府になって政府に山を召し上げられ、山を取り返すのに甚大な苦労を強いられた。戦後は農地解放で農地を手放した。寺は政治の仕組みが変わっても信仰の力で存続できたが、現在の役所はどうでしょうねえ」と言いながら、押印された。住職のお話しを聞いた後だったから、副住職の言葉は印象深かった。もっとも、後で知ったことだが、当時の私の上司によれば、住職は私たちの職場の大先輩で幹部職員だったらしい。

## 手を合わす世界

手を合わせる行為が宗教的にどのような意味を持つのか、宗教に疎い私にはよくわからない。それでも、お墓や仏像やお地蔵さんに手を合わせる。手を合わせて、家族の平穏を願い、親しかった人のことをそっと思い出している。時には何も考えずに手を合わせることもあるし、虚心坦懐に内省することもある。長く手を合わせていると疲れるので、腕を組み座禅のような姿になる。そんな時、ある種の身体行為が内省しやすくすることを宗教者はいち早く発見したのかもしれないなどと不遜にも思う。

無とは空ではなく、物事の創造の始まりと述べられても(1)、私自身は無の意味をよくわからないので、座禅をしても無の境地になることはできないと思う。重要な選択的決断をしなくてはならなくなった時、無の境地になると、自身の下す決断ではない宗教的な決断ができると考えられたのだろうか。禅宗が武家に受け入れられ始めた鎌倉時代は武家社会の草創期で戦の時代だから、リーダーの決断は部下の生死にかかわる。そんな時、日常の自分ではない、ある種の崇高な精神のもとで決断をしたいと願う気持ちは理解できる。禅の考えを日常生活に取り入れ様式化されたのが茶道と言われている。(2)その茶道の極意は地理的制約や時間を超える自由な精神である。(3)とすると、無の境地とは時空を超える自由な精神と勝手に解釈することができる。自由な精神には富や権力は不要なので、茶道は不要なことをそぎ落して作り上げた文化である。お叱りを受けるかもしれないが、時空を超える自由な精神なら案外難しい精神ではないかもしれない。たとえば、私たちは今この場からでも、時空を超えて富士山を見ることができる。富士山に登ったことはないけれども、頂上に自分を存在させているように認識することもできる。そして、現実の世界で登ってみたいと思う。同じように、手を合わせて、家族の平穏を願う時、無意識であってもその将来の家族の中に自分を存在させて、自分も将来の家族の一員となっている。

## 一緒の感覚

時空を超えて人に会えると言っても、身近な人とまだ見ぬ将来の人では事情が異なる。身近な人の平穏を神仏にお願いする時、その人とはまるで一緒にお願いしているかのように自分の傍に引き寄せている。まだ見ぬ将来の人の繁栄を願う場合は、将来の人たちの存在を認識しなければならない。存在を認識できて初めて、一緒にお願いできる。この一緒の感覚によって、将来の人々にもご利益が授かると思うだろう。つまり、子孫の繁栄をお願いできるかどうかは、子孫と一緒と自覚できるかどうかにかかっている。

だれでも自分を中心とすると孫の世代の人とは一緒と自覚できる。祖父から自分が三世代目で、自分の孫は祖父から数えて五世代目である。その孫の生涯で孫が存在すると仮定すると、その人が自分の祖父から七世代目の人である。つまり、祖父から数えて自分の孫の一生涯までの年月の長さが祖父から数えて七世代先の年月である。これは祖父から数えてだが、自分から考えると、自分の孫の世代に自分の思いを伝えて、その人の孫（五世代）にも伝えるように依頼すれば、五世代の生涯で七世代先に伝わる可能性がある。時空を超えて自分の考えや自分の生きていた文化が伝わると実感できるのは、せいぜいこの七世代程度ではないかと思う。自分の孫が幸せな生涯の中で孫を持つ。その孫は祖父から七世代目の人である。自分からは五世代目だが、きっとその人も孫を持つだろう。その人が自分から数えて七世代目である。自分から数えて七世代を考えるのは遠いように思えるが、祖父から数えると自分の孫の生涯の長さの一部で七世代の人は生きている。そう考えると自分から数えても近くになる。七世代先の子孫の具体的な顔や姿を描くことはできないが、現代世代に繫がる七世代目の人の存在を実感できる。存在の実感、つまり自分と一緒の感覚が将来世代の幸せを願う源である。第1章でイロコイ族が七世代の人までの先を考えて、自らの行動を判断すると記述されていることについて、思考が慣れれば、長い先ではないように思える。

私は物心ついた時、祖父母と言える人は母方の祖母だけだった。彼女は明治の女性で、四国のまちで生まれ、勝気の人だった。孫の私に大阪まで会いに来た時、大阪の看板はアルファベットや造語的な漢字に溢れていた。都会の喧騒と理解不能の看板を見て、自分は男性のように十分に教育を受けて来なかったから看板の意味や都会そのものが理解できないと、彼女は教育を受けて来なかった悔しさを私に何度も伝えた。明治から比べると、女性の社会的機会は増えたが、まだ男女均等の社会は構築されていないと思う。この事実を私の孫に伝え、彼や彼女が少しでも機会均等の働きをしてくれて、そのことが彼や彼女の孫に伝われば、祖母の思いは七世代に伝わったことになる。私の孫の生きざまが影響する世代が祖母から数えて七世代である。孫が二代続けば七世代にまで思いは伝わる。

## 生活の知恵

林業を生業としている林家向けの月刊雑誌「林業新知識」(4)には山村で力強く生活する家族が紹介されている。二〇一三年一一月号では祖父が林地を買い足し植林した山で、子と孫が祖父のことを思いながら林業を営む様子が紹介されている。一一月号に限らず、ほとんどの号で祖父のことが誇らしく記載されている。林業は木を植えてから手入れを続け、伐り出せるようになるまで最も早くて五〇年、長くて一〇〇年以上、普通は七〇年程度まで育てる。篤林家は孫の代に伐採することを想定して木を育てている。植えてから三〇年近くは下刈り・除伐・間伐と、労力と経費がかさむ。その経費を生み出すことができるように、祖父は山に適した苗木を選定し、育林しておかないと、孫の代が木を伐って生活できない。現在の林業の課題は植えた木を管理できないことに起因している。戦後に始めた後発林業では祖父の代に伐れる木を植えてもらっていない人が多いので、一方的に管理費だけ嵩み林業が成り立たなくなっている。間伐材が多少売れた木材不足の時代は、間伐材を売って管理費を捻出できたかもしれないが、林業は基本的に樹齢七〇年程度以上の木を伐採することで成り立つ、孫に引き継ぐ生業だ。孫は祖父が木を育ててくれたことを感謝しながら自分の孫のために木を植える。孫から孫に伝える林業はまさに七世代の人までを見据えた先の長い生業である。

林業の人だけでなく、農林漁業者の人々は先祖が構築した自然と人との関係性を踏まえて生活している。琵琶湖総合開発は、京阪神の近代産業や人口増大に対処して、琵琶湖の貯水機能を高めるため、一九七二年に始まり一九九七年に終了した。琵琶湖周辺には琵琶湖の水を活用している沿岸漁業や農業の人が生活していて、琵琶湖総合開発は彼らの生業に悪影響を与えると異議を唱えた。開発者側は琵琶湖周辺の自然は原生的自然ではないので学術的価値がないこと、近代産業の発展には水が必要なこと、環境の改変には近代技術で代償措置を講じることができるとして、当初は強引に開発を進めようとした。その時、鳥越や嘉田らは、原生的自然に価値を認める自然環境主義や、近代技術の発展が社会の発展に必要と主張する近代技術主義の両方に、生活環境主義で対抗した。

生活環境主義は地域の人たちが自然と共に生活してきた歴史的事実や土地を含む生活環境を共同管理してきた歴史的積み重ねを拠り所として、環境の改変には地域の人々の総意に基づく同意が必要と主張した。(5) 近代科学と行政権力の両方からの開発圧に対して、地域の人々は鳥越らによって自分の言い分を堂々と主張する勇気を得たのではないかと思う。自然と共に生活してきた歴史的事実や環境の共同管理の積み重ねが、何故に地域の人々の総意の必要性の拠り所になるか、十分な説明はない。地域の人々の内輪の論理、いわば地域の人の言い分を地域の総意として主張した。開発圧が常態化していた時代、生活環境主義にとっては地域の内輪の論理を理屈ではなく、行為によって認めさすことが重要だったと、私は理解している。

琵琶湖の沿岸には鵜の羽を使って稚鮎を怖がらせ網まで追い込む漁法があること、琵琶湖の鮒を乳酸発酵させた鮒鮨などの独特の食文化があること、沿岸の家庭では琵琶湖を汚さないように生活排水に工夫をしていたことなど、地域には独自の生活文化や生活の知恵がある。開発によって環境を破壊されると、地域の人々が作り上げ利用している自然環境だけでなく、地域の生活文化や地域の環境を管理し利用してきた知恵も失われる。そのことを指摘した生活環境主義の理論は、琵琶湖の高度利用や琵琶湖周回道路の利便性の提示に対抗できた。それでも、農林漁業者を積極的に支援する理論としては不十分だったと思う。

生活環境主義が誕生した一九八〇年代は、身近な自然は重要視されていなかったので、里山や沿海の開発に社会は寛容だった。しかし今ではキキョウ、ゲンゴロウ、トノサマガエルなど、里の山や田圃で普通に見られた生き物が、絶滅の危機に瀕していることがわかっている。このように、同時代の科学や技術だけでは理解できないこともあるので、我が国にもイロコイ族の人のように、現在の行為が将来世代にとって悪影響を与えると生活の知恵で警鐘を鳴らしてくれる人の存在が必要と思う。林業や農業を生業としている人は先祖から受け継いだ山や田畑を子孫に引き継がせたいと考えている。私が山や田畑の環境調査をした経験では、林業や農業に熱心であればあるほど、その人の山や田畑の生態系が豊かである。地域の生活文化や身近な自然だけが重要なのではなく、子孫に継がせたいと願って林業や農業を生業としている人々の存在が私たちの社会の文化や生物の多様性を豊かにしている。彼らは自分だけでなく、子孫を含む将来世代の人にとって不都合と判断した場合は社会に対して声をあげてくれる。里山に廃棄物が投棄されるとわかった時、真っ先に反対の声を挙げるのは農業や林業の人々であり、海が汚染されるとわかった時、強く反対するのは漁業の人々である。だから、農林漁業を支援する政策ではなく、農林漁業者や農山漁村で生活する人々を支援する政策が必要と思う。

## 2　将来社会を身近に

### 個人の集合としての社会

私たちは駅で切符を購入し、電車に乗るような現実的生活をしているだけでなく、電車の中では待ち合わせている彼女とどこに行こうかと思い巡らし、映画館までの道順を頭に入れる。富士山に時空を超えて自在に行けたように、彼女とのデートも頭の中では自在である。もっとも、始めのころは頭の中と現実とが一致することはまれであり、思いめぐらす生活との相互作用によって徐々に一致するようになる。その一致は別れなのかゴールなのかは、途中で無の境地になってもおそらく本人には分からないだろう。きっと雑念が入り混じるから。

彼女とのデートで、彼は美しい山や川を見て感動した風景を彼女に話し、一緒に見に行こうと誘う。彼女が彼の話から同じように美しい風景を頭の中に描写できれば、一緒に見に行ってくれる可能性が高くなる。このように、私たちの生活は現実的生活と思い巡らす生活で形成されている。子孫が生活する社会に私たちは生活していないけれど、子孫の生活を思い描くことはできる。思い描く時、そこでは描かれるのは自分と子孫の関係で構築される姿であり、子孫だけが描かれる。しかし、彼らは個別に生活しているのではなく、現在と同じように社会の一員として生活しているはずである。お寺の仏画に手を合わせ、子孫の幸せを願う時、彼や彼女が社会の中で幸せに暮らすことが前提になっている。社会のないところで一人孤独に暮らしていると思いたくない。

社会は為政者によって制度的に与えられたものではなく、社会は個人の集合の存在、言い換えると個人が集まればそこに社会が存在すると多くの社会学者は考える。私もそのとおりと思う。その社会について定まった定義はない。社会はその時々や場所ごとで変容するので定めようがないのかもしれない。それでも、盛山[6]が富永[7]を引用して整理しているように、①持続的な相互行為の集積、

②一定の秩序を持ったシステムの存在、③共属感情の存在の三つの要素で構成されていると理解すると、社会を具体的に構想しやすくなる。先の住職の言葉のとおり長い将来の過程で政治形態は変容するはずだし、子孫は日本を離れて住んでいる可能性もある。それでも、子孫はどこかに住んで一定の集団と共属感情を持ちながら、社会システムの一員として他者と相互に影響を与え合いながら平穏に暮らしていることを願う。

子孫も社会の構成員として生活しているので、子孫の繁栄を夢見て、今を生きる私たちがその夢の実現に向かって何か準備してあげようとするなら、何より将来世代の社会を身近に構想する必要がある。京都のデートはどのような服を着て、円山公園で彼や彼女と何を話そうかなどとあれこれ思いながらわくわくし、現実の京都ではお土産屋さん巡りだけで思いの一部しか話せなかったと苦笑し、次はもっと上手に思いを伝えようなどと反省した経験もあるはず。将来の社会であっても、このような個人の集合として、平和で楽しい社会を構想したい。

## 意味で構成される社会

祖父の代に植えた木を孫が伐って売れるのは、祖父の代の材木価値が将来世代でも維持されていることが前提となる。素材として物理的機能の評価や温かみなどの感覚の評価は時々の社会状況によって差異があっても、木材には一定の価値が与えられている。価値を与えているのは個人の集合としての社会である。孫の代まで林業を家業として成り立たせるためには、孫の代の社会から木材の価値を認められなければならない。価値は木材に備わっているのではなく、人々が主観的にも客観的にも木材から意味を読み解くことで成り立つ。だから、林業関係者は木材の意味づけに努力する。木の部屋は情操教育に役だつ、断熱効果が高く省エネルギーに寄与するなどなどである。このように林業が関係する社会だけでなく、私たちの社会は意味で構成されているとの考え方もある(8)。

前節で社会は三要素で構成されているとし、この節では意味で構成されていると記述した。三要素と意味の関係を検討することで社会をより具体的に理解し、将来世代の社会を身近に構想できるようになる。三要素の一つである相互行為の例として物の交換の場合、人はその物に意味を賦与して価値を作り出し、価値を交換することでビジネスを成立させる。現在はプラス面の価値をお金で数値化し取引しているけれど、将来はマイナス面も数値化し取引できるようなビジネス、たとえば地球温暖化ガスの一つである二酸化炭素（$CO_2$）の排出権取引が一般化すれば、地球温暖化ガスの排出軽減につながると考えられている。感情を伴う相互作用であっても、嬉しいとか、悲しいとかを言葉に発した時、聞く人も言葉の意味を理解しているので意味の交換作用と考えられる。もちろん、言葉を発していなくても、顔の表情から感情を読み取ることもある。嬉しい時は一緒に喜びあい、悲しいと読み取った時は慰めてあげる。読み取りながら、彼女は悲しんでいる、どうしてだろうと母国語の意味を介して考える。ある時、胸が高なったけれど、それが初恋の始まりだったなどと感情に素敵な意味を付与することもある。私はピカソのゲルニカを見て、言葉を発することはできない。残忍さだけでなく、平和を希求するピカソの思いが絵に溢れている。この絵を見た時の感情と一致するようなことばが創出されれば、ことばを介して多くの人とゲルニカを語り合うことができ、結果として社会の平和に貢献できると思う。

社会システムを人は意味で理解評価して、抗議や参加などの行動をとる。会社だったら、人によっては所得を得る存在として意味づけ、より多くの所得が得られるように会社を選択する。地域社会であれば多様な意味づけが考えられるが、ある人は文化を獲得し子育ての場として意味づける。その意味が十分に発揮できていないと考えた時、人は抗議行動を起こすだろう。社会システムも言葉と同じように時代とともに変容し、新たに創出されるシステムもある。阪神淡路大震災後に多くのＮＰＯが活動を展開しているが、ＮＰＯという文言すらそれまで知られていなかった。今ではＮＰＯに参加し社会貢献活動の意味を生き方の一部として体現化している人も増えている。

共属感情は同じ意味を共有している集団の一員であると意識的に認め合うことだと考える。私は野生の花を楽しむ会に所属していて、花のあれこれを語り合うのは楽しい。この楽しさを多くの人に知ってほしいと、オープンな観察会を実施する。言葉に出すことはないけれど、カタクリやサギソウなどの野生の花々を好む人との前提が仲間内にある。その前提が山の風景より一株の野草が生えている森を観察場所に選ばせる。偏狭な共属感情は私たちの生活を息苦しくするが、多様な人々の存在を認め合うＮＰＯやＮＧＯの活動の積み重ねによって、開放的な共属意識に変容できると期待している。このように、将来社会も意味で構成されていると理解すると、将来社会を身近に構想し子孫繁栄の夢の実現に向かって、私たちは行動できるだろう。

## 個人が願う社会

子孫が生活している社会は現在より良い社会であってほしいと私たちは願う。ところが、こんな社会を実現したいと具体的にモデルとして示すことは困難で、平和が続きますようにと、最も大切と実感していることを願う。社会は個人の集合として成立し、それぞれの個人によって社会の評価に差異があること、歴史上でさまざまな社会が展開されてきたことを知っているから、人は一律的な社会を示すことをためらうと私は理解している。そして、そのためらいは社会の多様性を維持している原動力でもある。そうであるなら、むしろ、個人に着目し、個人と社会の関係から社会がどうあるべきかを考えると、自分のこととして社会を考えることができる。ロールズ[9]は個人と社会との関係から、社会に対する理論を構築しようと試みた。ロールズは契約論的に社会の制度がしたがうべき基本的原理を決めるとすれば、どういう原理を採択するだろうかと考えて、自由と平等という近代社会の大きな理論を統合する形で、次の正義の原理を組み立てた[10]。

一　各人は全員と両立しうる基本的自由について、社会大系の中でもっとも広範囲に平等な権利を有する。

二　社会的および経済的不平等は次の条件を満たすものでなければならない。

・もっとも恵まれない人にとって最大の利益となること（格差原理）。

・公正な機会の平等という条件のもとですべての人に開かれた役職と地位にともなうものであること（機会均等原理）

正義の原理によると、基本的自由は全ての人が平等に有しているので、身体的ハンディを持っている人も健常者も、自由に移動できるような社会でなければならない。日本の幹線道路に多くある歩道橋は足の不自由な人やお年寄りの通行に障害となっているので、通行しやすいように改修しなければならない。また、人はどのような文化であってもそれを享受する自由を有しているので、文化の多様性を認める社会を構築する必要がある。また格差原理に従えば、経済活動による格差を認めるにしても、税金を使ってホームレスの人を救済する必要があるし、機会均等原理に従えば奨学金を充実させて、貧しい家庭であっても教育を受ける権利を保障しなくてはならない。将来世代の人々の社会は天から賦与されるのではなく、私たちの行動の持続的な積み重ねの結果として形成されるはずだから、現在を生きる私たちはロールズの正義の原理を行動の規範にしたい。

## 3　夢の実現に向かって

### まっとうな生き方

ロールズが示した個人と社会の関係を踏まえると、将来世代のために私たちはどのように行動すればよいかの問いに答えることができる。たとえば、自家用車は地球温暖化ガスである$CO_2$を多く排出する。個人的には自由に移動する権利を有しているものの、温暖化によって将来世代の人が制約のある暮らしを強いられるのであれば、自由に移動する権利もできるだけ自己規制したいと思うし、再生可能エネルギー社会の構築に貢献したいと思う。もっとも、このように契約論的に社会がどうあるべきかを考え過ぎると、社会は個人を超えて存在することになり、個人はよりよい社会の構築ためにと貢献させられるという主客転倒が生じる。そうではなくて、社会は個人の集合なので、将来世代の人と今日の世代人がお互い様として迷惑をかけない暮らしを思考するのがよい。私は林業者ではないから孫のために木を残す教育はできないが、寅さんシリーズのテーマのように、子や孫に社会の成員としてまっとうに生きなさいと教育しようと思う。私たち大人もまっとうに生きなければならないのは言うまでもない。

禅は自己を究極的に客体化し自由にするための修練であると私は解釈している。日本の文化では客体化された自己と現存する自己は同一で、同一であるがゆえに無になると考えている。禅のように自己を客体化することは日本だけの文化ではなく、西洋も同じだ。西洋では自己を客体化することによって、社会との関係を考察する文化があるようだ。たとえば、見えざる手によって市場がコントロールされると説いたアダム・スミスは道徳感情論を著し、私たちの心の中の公平な観察者によって自分の行為の是認・否認の判断を行うと述べている。[11] この心の公平な観察者は裁判では二審に相当し、一審は世間の評価であり、世間が評価しても本当に評価に値するものなのかを判断する。[12]

偽装表示で本物より商品を安く売ってお金が儲かったとする。お金が儲かったのは世間の評価の結果ともいえる。しかし心の中の公平な観察者がそれでよいのかと問いかける。偽装表示が見破られないとしても、賢人の場合は公平な観察者が阻止するし、弱い人の場合は一審を重視する。[13]そのため、スミスはルールを心の中につくり一審を重視しないようにすること、ルールを破った場合、神の代理人である心の中の観察者が自己批判し責め苦の処罰を与えることで、社会の正義を構築しなければならないと考えた。[14]

将来世代の社会で私たちの子孫が幸せに暮らしてほしいと願う。幸せに暮らすことができるのは、社会に正義が構築されていることが必須であることは現在であっても将来であっても同じと思う。それ故に、将来社会の成員である私たちの子や孫に悪いことはしてはいけないと教育している。本当はそれだけでなく、そのことを彼や彼女の子や孫に伝えるように指導する必要がある。そうすれば、七世代先まで伝わるはずだ。悪いこととは何かと具体的には言わなくても、物心つくころには子や孫の心に公平な観察者が居付いている。このことは私の人生からの実感である。私の人生で小学生のころの思い出では、公平な観察者と自分との葛藤が思いのほか多いことに気づく。自分が純粋であったから葛藤が多かったのか、心の中のルールが明確に形成されていないので観察者が判断に迷うことが多かったのかはわからない。それでも子や孫には悪いことをしてはいけない、まっとうに生きなさいと教育したいと思う。日本の文化では、大人になってから人格を形成するために修練し自己を観察者と一体化しようとするので、大いなる努力が必要となる。そのため、座禅や茶道などで様式化し、努力しやすくしている。しかし、心の観察者と自己とが一体化しなければならないと考えるのではなく、アダム・スミスのように、心の観察者が別に棲んでいると解釈すれば、気持ちは楽だし、子供にも分かりやすいと思う。もちろん、大人が努力することは評価されてしかるべきとも思っている。

## 過去の生活を実感

子孫と言われても、子を持たない若い人には実感が湧かないと言われるかもしれないが、私の知り合いに、子供がいなくても山に木を植えて、育てる人がいた。だれかが、生業を継いでくれることを願い、つつましやかに生活し、継承してくれる人が相続税を納められるように相当額を貯めていた。自分が生きた証を木々に託し、木々の中で自分も生き続けると考えられていたようだ。事実、私はその人が育てられた山を見ながら、人柄を偲んでいる。私たちが子孫という時、血縁関係の子孫だけではない、もっと広く漠然と人間の将来世代を想定している場合も多く、本論でも同様である。

人が将来世代の人を生きた人間として実感できるのは、自分が過去の世代から受け継いだ命であると実感するからだ。過去の遠くの世代を構想できればできるほど、同じように遠くの将来世代を構想することができる。人生を考えても、五〇年生きた人は少なくとも物心ついてからの四〇年前を振り返られる。その振り返りによって、二〇歳の人が四〇年先を構想するより、五〇歳の人の方が構想しやくなる。大方の人が経験していると思うが、年齢を重ねるほど、一年を短く感じる。先のこともそれだけ身近に感じることができるはずだ。自分の人生経験だけでなく自分が身体に受け入れた歴史の事柄を介して将来を見通すこともできる。住職は一三〇〇年のお寺の歴史を私に教え、役所よりお寺の方が今後も長く続くだろうと平然と述べられる。源氏物語を読んで、一〇〇〇年も前の人も今の人と同じように恋焦がれることを自分のこととして実感すれば、将来世代の人も恋の駆け引きに苦労するだろうと微笑ましく思う。モーツアルトの音楽を聴いて、現在の人も将来の人も過去の人と同じように感動するのだと確認する。

過去の世代の人の生活を実感するのは古典を読むだけでなく、まちを歩いても山を歩いても感じる。私の住む街の片隅に江戸時代に建立した道標を見つけ、当時の人もここを歩いたのかと懐かしみ、これから先の人も歩くのだろうかなどと想像する。私は森林調査の時、山の中に桃の木を見つけ、かつてはこの場所に家があったのかもしれないと人の生活の痕跡を嗅ぐ。クヌギやコナラの林に炭窯跡を見つけることもある。そんな時、道を探る。炭や原木を運んだ道があったはずだから、つい探したくなる。山に入ると、妙に人恋しくなって、痕跡でもほっとする。おそらく、将来の世代の人も自分と同じように、人の手が入った自然に親しみを感じると思う。このように、過去の人の痕跡に感情を働かすことができれば、将来世代の人を思う時、同じように命が吹き込まれる。音楽や祭りなど、今も輝きを放っている物事だけでなく、大気や大地からも人間の痕跡を読み解くことができる。大気中の$CO_2$濃度の歴史が南極大陸の氷に閉じ込められているので、その氷から経年的に地球上の$CO_2$濃度を解析し、それぞれの地域の土地に残されている花粉の化石から植生を構想する。その土地の植生は気温だけでなく、人間の生活を反映しているので、生活を読み解く楽しみがある。たとえば奈良時代の$CO_2$濃度やおおよその気温とマツ林の広がりがわかると、当時の人は原生植生である樫の木などの常緑樹林をすでに伐採しつくし、二次林であるアカマツ林を形成させたこと、マツタケを食べていたなどと想像できる。$CO_2$の濃度上昇によって将来世代の人々がどのような生活になるかを検討する時、過去から続く生活の歴史があることを知っていれば、人々の暮らしの変容を具体的に構想しやすくなる。

## 仲立ちの装置

街の道標は過去の世代と現在に生きる人々や将来の世代の人々との間を仲立ちし、将来世代の人々を生きる存在として理解させてくれる。古里の美しい山や川の風景、歌や踊りなどの文化、地域の物語、歴史豊かな町並みも過去の世代の人々を生き生きと再現し、将来世代の人々も同じ存在として構想させる。これらは過去の世代と将来世代を仲立ちする装置と言える。このような仲立ちの装置は私たちの生活の場に多く存在している。先の東北大震災の時、先人の記録を残している集落は津波の被害を減少させることができた事例からも、仲立ちの装置が多くあればあるほど将来社会は現在の社会に近くなる。

将来にあこがれてわくわくする、そんな話を子や孫に聞かせてやりたい。こんなことを思いながら、本論の表題を「夢見る子孫繁栄」とした。そして、何としても、私たち人類の子孫の繁栄を実現させなくてはならないと思う。子孫の繁栄のためには、仲立ちの装置によって将来社会を身近に引き寄せ、将来社会に暮らす子孫がより良い暮らしができるように、今から準備してあげたい。農林漁業者のように、過去から地域に育まれた生活の智恵を子や孫に身体を介して伝える行為を私たちも見習い、まっとうに生きることの大切さを寅次郎よろしく、自分の生きざまで伝えたいと思う。また、将来世代の立場で、私の暮らしぶりがまっとうではないと教えてくれる人がいたら素直に従いたい。農林漁業者が大多数の社会であれば、社会の価値観がそれほど複雑でないので、大人たちはまっとうな暮らしを子や孫に自信を持って教えることができると思う。しかし、現在の社会は農林漁業者だけでなく、多様なものづくりやサービスの提供、それらの消費で成り立つ社会だから大変複雑で、現在社会はまっとうな暮らしぶりを示しにくい。だから、将来世代の立場で暮らしを評価し、将来世代に負担させないことを常に考え行動してくれる人々、将来世代に身を置いて考え行動できる人々を私たちの社会は必要としている。

子孫が安心して暮らせるようにしてあげるため、過去と将来を繋ぐ豊かな感性や生活で得た知識はもとより、環境科学や社会科学などの専門的知見を動員させて将来を予測しなければならない。予測だけでなく、将来社会を身近に引き寄せそこに身を置く人は、「ツバルのような小さい島々に暮らす人々が水没の危機に瀕することがないように私たちは行動しなければならない」と、強く主張してほしい。将来社会にエネルギー資源を残すために、再生可能エネルギーの推進が必要と広く伝えてほしい。将来世代に身を置く人には将来を予見する専門的知識だけでなく、アダム・スミスが言うように心の中にルールを作るか、禅の教えのように無の境地になって、現在社会のしがらみや利益から離れて適切な指針を示してほしい。現在社会のしがらみや利益を離れることが個人では困難であっても、裁判所に属する裁判官のように、システムの一員として良心に従うことは可能と思う。私たちは社会が困難に直面した時、社会の制度や仕組みを構築しシステムとして困難を解決してきた歴史があることを知っている。卑近な例では公害を解決するために環境庁を設置し、地球規模の環境問題に対処するため環境庁を環境省に改編した。あらゆる資源が有限と理解された現代社会では、住職が寺の一三〇〇年の歴史を踏まえ、自治体すら変容すると喝破されたように、歴史の必然として将来世代と私たちの世代の世代間の利害を調整する社会の制度が必要になっていると思う。

お寺の廊下で絵を見てから三〇年余り経て、私はそのお寺のお堂の落慶法要に招かれた。江戸時代に存在していたお堂をやっと復興できたと今の住職は私に言った。かつて絵を見ていた時、声をかけてくれた副住職が住職になり、彼の子が副住職を務めている。私は落慶法要の場にいて、将来世代の人もきっとこのお堂の前で手をあわせるだろうと想像した。落慶法要は仲立ちの装置が完成した記念日でもある。そのお堂は将来世代の人々に繁栄をもたらすご利益があると信じられているから人は手を合わせる。そろそろ神や仏の力に頼るだけでなく、将来世代と交流し子孫を繁栄に導いてくれる人間のシステムを社会に構築したいと思った。

## 注

（1）久松（一九八七）
（2）久松（前掲書）
（3）久松（前掲書）
（4）全国林業改良普及協会（二〇一三）
（5）鳥越（一九九一、一九九九）、嘉田由紀子（一九九一、二〇〇〇）
（6）稲盛（二〇一二）
（7）富永（一九九五）
（8）詳しくはアルフレッド・シュッツ（一九八二）の「社会的世界の意味構成」を読んでほしい。
（9）ロールズ（二〇一〇）
（10）原理の訳は盛山（二〇一一）をもとにした。また、この行から前五行は盛山（前掲書）を参考にした。
（11）堂目（二〇〇九）
（12）堂目（前掲書）
（13）堂目（前掲書）
（14）堂目（前掲書）

## 執筆者紹介

西條辰義（さいじょう たつよし）編者，はしがき・第１章
ミネソタ大学大学院経済学研究科修了。Ph.D.（経済学）。現在，総合地球環境学研究所プログラムディレクター，高知工科大学フューチャー・デザイン研究所所長，東京財団政策研究所研究主幹。専門は制度設計工学，公共経済学。編著書に『実験が切り開く21世紀の社会科学』（共編，勁草書房，2014），『排出権取引』（共著，慶應義塾大学出版会，2013）。

尾崎雅彦（おざき まさひこ）第２章・第11章
法政大学大学院環境マネジメント専攻修士課程修了。現在，大阪大学大学院経済学研究科専任講師。専門は日本経済，イノベーション，環境経営。著書に『経済制度の生成と設計』（共著，東京大学出版会，2006）。

上須道徳（うわす みちのり）第２章・第３章
ミネソタ大学大学院応用経済学研究科修了。Ph.D.（農業・応用経済学）。現在，大阪大学環境イノベーションデザインセンター特任准教授。専門は環境経済学，サステイナビリティ教育。主要論文に Uwasu, M. Naito, T. Yabar, H. and Hara, K.（2013）“Assesment of Japanese recycling policies for home electric appliance: Cost-effectiveness analysis and sosioeconomic and technological implications,” *Environmental Development*, 6, pp. 21-33.

木下裕介（きした ゆうすけ）第４章
大阪大学大学院工学研究科博士後期課程修了。博士（工学）。 現在，東京大学大学院工学系研究科精密工学専攻講師。専門はシナリオ設計，ライフサイクル工学，エネルギーシステム。

青木玲子（あおき　れいこ）第５章
スタンフォード大学大学院博士課程修了。ドクター・オブ・フィロソフィー（スタンフォード大学）。現在，公正取引委員会委員，一橋大学名誉教授。専門は産業組織論，応用ミクロ理論。編著書に『効率と公正の経済分析』（共編，ミネルヴァ書房，2012）。

黒田真史（くろだ まさし）第 6 章
大阪大学大学院工学研究科修了。博士（工学）。現在，大阪大学大学院工学研究科助教。専門はバイオテクノロジーを利用した排水処理，環境保全，資源循環技術の開発。

嶋寺　光（しまでら ひかり）第 6 章
大阪大学大学院工学研究科修了。博士（工学）。現在，大阪大学環境イノベーションデザインセンター特任助教。専門は大気環境学，環境動態モデリング。

武田裕之（たけだ ひろゆき）第 7 章
九州大学大学院人間環境学府修了。博士（工学）。現在，大阪大学大学院工学研究科ビジネスエンジニアリング専攻講師。専門は都市計画・まちづくり。

渕上ゆかり（ふちがみ ゆかり）第 8 章
京都大学大学院アジア・アフリカ地域研究科修了。博士（地域研究）。現在，大阪大学大学院工学研究科附属フューチャーイノベーションセンター助教（兼）工学研究科ビジネスエンジニアリング専攻。専門は地域研究。

原　圭史郎（はら けいしろう）第 9 章
東京大学大学院新領域創成科学研究科博士課程修了。博士（環境学）。現在，大阪大学大学院工学研究科教授。専門は，都市環境工学，フューチャー・デザイン，サステイナビリティ・サイエンス。編著書に『サステイナビリティ・サイエンスを拓く』（共編，大阪大学出版会，2011）。

七條達弘（しちじょう たつひろ）第 10 章
京都大学大学院人間・環境学研究科博士後期課単位取得退学。博士（人間・環境学）。現在，大阪府立大学経済学部教授。専門は，行動経済学，ゲーム理論，ネットワーク外部性。著書に『ソーシャル・メディアでつながる大学教育』（共著，ハーベスト社，2014）。

栗本修滋（くりもと しゅうじ）第 12 章
同志社大学大学院文学研究科修了。博士（社会学）。現在，大阪大学環境イノベーションデザインセンター特任教授。専門は，社会学，林学。著書に『地方自治の社会学』（共著，昭和堂，2006）。

# 索　引

## あ　行



## か　行

## さ　行

## た　行

## な　行



## は　行



## ま　行



## や　行



## ら　行

## わ　行



## アルファベット

# 参考文献

## 第 1 章


Camerer, C.（2003）, *Behavioral Game Theory: Experiments in Strategic Interaction*, Princeton University Press.

Camerer, C. and Lovallo, D.（1999）, "Overconfidence and Excess Entry: An Experimental Approach," *American Economic Review*, 89, 1, pp. 306–318.

榎原友樹・藤野純一・日比野剛・松岡譲（2007）,「低炭素社会検討の前提となる社会経済ビジョンの構築」『地球環境』, 12, pp. 145–151.

Fleming, S. M., Thomas, C. L. and Dolan, R. J.（February 2010）, "Overcoming Status Quo Bias in the Human Brain," *PNAS*, 107(13), pp. 6005–6009.

Flyvbjerg, B., Skamris Holm, M. K. and Buhl, S. L.（2005）, "How（In）accurate Are Demand Forecasts in Public Works Projects?: The Case of Transportation," *Journal of the American Planning Association*, 71, 2, pp. 131–146.

Gallese, V. and Goldman, A. I.（1998）, "Mirror Neurons And the Simulation Theory of mind-reading," *Trends in Cognitive Sciences*, 2, 12, pp. 493–551.

Gallese, V. and Sinigaglia, C.（2011）, "What Is So Special about Embodied Simulation?," *Trends in Cognitive Sciences*, 15, 11, 512–519.

Grinde Jr. D. A. and Johansen, B. E.（1991）, *Exemplar of Liberty: Native America and the Evolution of Democracy*, American Indian Studies Center（星川淳訳（2006）,『アメリカ建国とイロコイ民主制』みすず書房）.

HM Treasury, "THE GREEN BOOK: Appraisal and Evaluation in Central Government," Treasury Guidance, LONDON:TSO, 2011（https://www.gov.uk/government/uploads/system/uploads/attachment_data/file/220541/green_book_complete.pdf）.

Matheson, S. M., Asher, L. and Bateson, M.（2008）, "Larger, Enriched Cages Are Associated with 'Optimistic' Response Biases in Captive European Starlings（Sturnus vulgaris）," *Applied Animal Behaviour Science*, 109pp. 374–383.

西村六善（2014）,「Future Design について」の私信. 2014 年 4 月 30 日.

Parfit, D.（1981）, "Future Generations, Further Problems," *Philosophy and Public Affairs*, 11, pp. 113–172.

Premack, D. G. and Woodruff, G.（1978）, "Does the Chimpanzee Have a Theory of

Mind?," *Behavioral and Brain Sciences*, 1, 4, pp. 515–526.

Preston C. E. and Harris, S. (1965), "Psychology of Drivers in Traffic Accidents," *Journal of Applied Psychology*, 49, 4, pp. 284–288.

Saijo, T. and Hamasaki, H. (2010) "Designing Post-Kyoto Institutions: From the Reduction Rate to the Emissions Amount," in A. Sumi, K. Fukushi, and A. Hiramatsu (eds.), *Adaptation and Mitigation Strategies for Climate Change*, Springer, pp. 85–96.

西條辰義・草川孝夫（2013），『排出権取引：理論と実験による制度設計』慶應義塾大学出版会.

Sapolsky, R. M., (2012), "Super Humanity," *Scientific American*, 307, 3, 40–43.

Sharot, T. (2011a), "The Optimism Bias," *Current Biology*, 21, 23, pp. R941–R945.

Sharot, T. (2011b), *The Optimism Bias*, New York: Pantheon Books.

Sharot, T., Korn, C. W., and Dolan, R. J. (2011), "How Unrealistic Optimism is Maintained in the Face of Reality," *Nature Neuroscience*, 14, pp. 1475–1479.

杉山大志（2014），「現実感失う温暖化「2度」抑制：IPCC 報告書はこう読む」『WEDGE』2014 年 05 月 21 日，pp. 16–18.

Svenson, O. (1981), "Are We All Less Risky and More Skillful Than Our Fellow Drivers?," *Acta Psychologica*, 47, 2, pp. 143–148.

高橋和之（2007），『新版・世界憲法集』岩波書店.

## 第 2 章

青木玲子・上須道徳・西條辰義（2013），「若者と有権者の政党政策選択・ドメイン投票方式・将来省　第 46 回総選挙前々日の有権者と若者のアンケートから」一橋大学経済研究者ディスカッションペーパーシリーズ No. 581

Demeny, P. (1986), "Pronatalist Policies in Low-Fertility Countries: Patterns, Performance and Prospects," *Population and Development Review*, 12 (supplement), pp. 335–358.

Ferguson, N. (2013), *The Great Degeneration: How Institutions Decay and Economies Die*, New York, Penguin Press（櫻井祐子訳（2013），『劣化国家』東洋経済新報社）

Grinde Jr. D. A. and Johansen, B. E. (1991), *Exemplar of Liberty: Native America and the Evolution of Democracy*, American Indian Studies Center（星川淳訳（2006），『アメリカ建国とイロコイ民主制』みすず書房）

Hamel, G. and Prahalad, C. K. (1996), *Competing for the Future*, Harvard Business Review Press.

文部科学省／日本学術振興会（2013），「博士過程教育リーディングプログラム」冊子

尾高煌之助（2013）.「組織と人事」尾高煌之助『通商産業政策史 1　総論』経済産業

調査会.
大澤真幸・吉見俊哉・鷲田清一編（2012），『現代社会学辞典』弘文堂.

## 第3章

Acemoglu, D. and Robinson, J. A. (2012), *Why Nations Fail*, New York, Crown Publishers（鬼澤忍訳（2013），『国家はなぜ衰退するのか（上）―― 権力・繁栄・貧困の起源』早川書房）.
青木玲子・上須道徳・西條辰義（2013），「若者と有権者の政党政策選択・ドメイン投票方式・将来省：第46回総選挙前々日の有権者と若者のアンケートから」一橋大学経済研究所ディスカッションペーパーシリーズ No. 581.
Carson, R. (1962), *Silent Spring, Houghton Mifflin*（青樹簗一訳（1974），『沈黙の春』新潮社）.
Fiskin, J. S., Luskin, R. C. and Jowell, R. (2011), "Deliberative Polling and Public Consultation," *Parliamentary Affairs*, 53, pp. 657–666.
Grinde Jr. D. A. and Johansen, B. E. (1991), *Exemplar of Liberty: Native America and the Evolution of Democracy*, American Indian Studies Center（星川淳訳（2006），『アメリカ建国とイロコイ民主制』みすず書房）
Habermas, J. (1998), *Truth and Justification*, Cambridge MA, The MIT Press.
Jonas, H. (1984), *The Imperative of Responsibility*, University of Chicago Press.
Karpowitzand, C. F. and Mendelberg, T. (2011), "An Experimental Approach to Citizen Deliberation," in J. N. Druckman, D. P. Green, J. H. Kuklinski, and A. Lupia (eds.), *Cambridge Handbook of Experimental Political Science*, Cambridge University Press, pp. 258–272.
Meadows, D. H., Meadows, D. L., Randers, J. and Behrens III, W. W. (1972), *The Limits to Growth*, Universe Books（大来佐武郎監訳（1972），『成長の限界――ローマ・クラブ「人類の危機」レポート』ダイヤモンド社）
文部省（2005），『民主主義――文部省著作教科書』径書房.
下田吉之・原圭史郎・中村信夫（2011），「持続可能社会を導くサステイナビリティ・シーズマップ」原圭史郎・梅田靖編『サステイナビリティ・サイエンスを拓く』大阪大学出版会.
篠原一（2012），『討議デモクラシーの挑戦――ミニパブリックスが拓く新しい政治』岩波書店.
住明正・花木啓祐・三村信男編『サステイナビリティ学① サステイナビリティ学の創生』東京大学出版会.
宇野重規（2013），『民主主義のつくり方』筑摩書房.

## 第4章

Carson, R. (1962), *Silent Spring*, Boston, Houghton Mifflin.
Dreborg, K. (1996), "Essence of Backcasting," *Futures*, 28, 9, pp. 813-828.
古川柳蔵（2012),「バックキャスティングから見た2030年の日本人のライフスタイル」『AD Studies』, 39, pp. 24-28.
Glenn, J. C. (2003), the Futures Group International, "Scenarios," in Glenn, J. C. and Gordon, T. J. (eds.), *Futures Research Methodology-V2.0*, AC/UNU Millennium Project, Washington, D. C.
Holmberg, J. and Robèrt, K. H. (2000), "Backcasting from Non-overlapping Sustainability Principles: A Framework for Strategic Planning," *International Journal of Sustainable Development and World Ecology*, 7, 4, pp. 291-308.
Huss, W. R. (1988), "A Move toward Scenario Analysis," *International Journal of Forecasting*, 4, 3, pp. 377-388.
Intergovernmental Panel on Climate Change (IPCC), (2013), *Fifth Assessment Report (AR5) - Climate Change 2013: The Physical Science Basis.*
International Energy Agency (IEA) (2010), *Energy Technology Perspectives 2010*, Paris, IEA Publications.
環境省中央環境審議会地球環境部会（2012),「マクロフレームWG取りまとめ」.
経済産業省資源エネルギー庁（2014),「なっとく！ 再生可能エネルギー」, http://www.enecho.meti.go.jp/saiene/kaitori/kakaku.html
木下裕介・松橋啓介・水野有智・村山麻衣・三宅岳・林和眞・梅田靖・原澤英夫（2013),「2050年の持続可能な社会像と産業シナリオの立案に向けて――バックキャスティング・アプローチによる試み」, 第5回横幹連合コンファレンス論文集, pp. 292-293.
鬼頭宏（2012),『2100年，人口3分の1の日本』メディアファクトリー.
国立社会保障・人口問題研究所（2012),「日本の将来推計人口（平成24年1月推計)」, http://www.ipss.go.jp/syoushika/tohkei/newest04/sh24sanko.html
厚生労働省（2013),「平成24年簡易生命表」, http://www.mhlw.go.jp/toukei/saikin/hw/life/life12/
Kuisma, J. (2000), "Backcasting for Sustainable Strategies in the Energy Sector: A Case Study in FORTUM Power and Heat", *IIIEE Reports 2000:18*, The International Institute for Industrial Environmental Economics, Lund University.
Lovins, A. (1977), *Soft Energy Paths*, New York, FOE/Ballinger.
Lundqvist, U., Alaenge, S. and Holmberg, J. (2006), *Strategic Planning Towards Sustainability: An Approach Applied on a Company Level*, Göteborg, Sweden, Chalmers University of Technology.
Mander, S. L., Bows, A., Anderson, K. L., Shackley, S., Agnolucci, P. and Ekins, P.

(2008), "The Tyndall Decarbonisation Scenarios-Part I: Development of a Backcasting Methodology with Stakeholder Participation," *Energy Policy*, 36, 10, pp. 3754-3763.

松橋啓介・村山麻衣・増井利彦・原澤英夫（2012),「持続可能社会への転換に向けた叙述シナリオの構築に関する試み——生産活動の観点から」『環境科学会誌』26, 3, pp. 226-235.

エネルギー環境会議（2012),「エネルギー環境に関する選択肢」, http://www.cas.go.jp/jp/seisaku/npu/policy09/pdf/20120629/20120629_1.pdf

増井利彦・松岡譲・日比野剛（2007),「バックキャスティングによる脱温暖化社会実現の対策経路」『地球環境』12, 2, pp. 161-169.

Milestad, R., Svenfelt, Å. and Dreborg, K. H. (2014), "Developing Integrated Explorative and Normative Scenarios: The Case of Future Land Use in a Climate-neutral Sweden," *Futures*, 60, pp. 59-71. http://dx.doi.org/10.1016/j.futures. 2014. 04. 015

三宅岳・木下裕介・水野有智・松橋啓介・村山麻衣・林和眞・梅田靖（2014),「持続可能社会シナリオ作成のための社会の価値観に基づく社会像構築の試み」, 第9回日本LCA学会研究発表会講演要旨集, pp. 72-73.

Mizuno, Y., Kishita, Y., Wada, H., Kobayashi, K., Fukushige, S. and Umeda, Y. (2012), "Proposal of Design Support Method of Sustainability Scenarios in Backcasting Manner," *Proc. of ASME 2012 International Design Engineering Technical Conferences & Computers and Information in Engineering Conference (IDETC/CIE 2012): 17th Design for Manufacturing and the Life Cycle Conference (DFMLC)*, DETC2012-70850, pp. 767-776.

文部科学省科学研究費新学術領域「生物多様性を規範とする革新的材料技術」(2013), 生物規範工学, ニュースレター, 2, 2, http://biomimetics.es.hokudai.ac.jp/wordpress/wp-content/uploads/2013/10/Newsletter2_2_20131022_2-11.pdf

西岡秀三編（2008),『日本低炭素社会のシナリオ——二酸化炭素70%削減の道筋』日刊工業新聞社.

Quist, J. (2007), *Backcasting for a Sustainable Future: The Impact after 10 Years*, Delft, Eburon Academic Publishers.

Quist, J. and Vergragt, P. (2006), "Past and Future of Backcasting: the Shift to Stakeholder Participation and a Proposal for a Methodological Framework," *Futures*, 38, 9, pp. 1027-1045.

Robinson, J. (1982), "Energy Backcasting: A Proposed Method of Policy Analysis," *Energy Policy*, 10, 4, pp. 337-344.

Robinson, J. (1990). "Futures under Glass: A Recipe for People Who Hate to Predict," *Futures*, 22, 8, pp. 820-842.

Schwartz, P. (1991), *The Art of the Long View*, New York, Doubleday.

Swart, R. J., Raskin, P. and Robinson, J. (2004), "The Problem of the Future: Sustainability Science and Scenario Analysis," *Global Environmental Change*, 14, 2, pp. 137-146.

Wack, P. (1985), "Scenarios: Uncharted Waters Ahead", *Harvard Business Review*, 63, 5, pp. 73-89.

World Commission on Environment and Development (WCED), (1987). Our Common Future, Oxford University Press.

## 第5章

青木玲子 (2011),「科学技術イノベーション政策の経済学」『経済研究』26, 3, pp. 270-280.

青木玲子 (2014),「科学技術イノベーションの新しいフロンティア――成長戦略第3の矢と『世界で最もイノベーションに適している国』」経済産業研究所 コラム 2014年の日本経済を読む 2014年1月10日 http://www.rieti.go.jp/jp/columns/s14_0011.html

「第4期科学技術基本計画」 平成23年8月19日 http://www8.cao.go.jp/cstp/kihonkeikaku/4honbun.pdf

「科学技術イノベーション総合戦略――新次元日本創造への挑戦」平成25年6月7日 http://www8.cao.go.jp/cstp/sogosenryaku/honbun.pdf

「科学技術基本法」平成7年11月15日 http://www8.cao.go.jp/cstp/cst/kihonhou/houbun.html

内閣府「戦略的イノベーション創造プログラムについて」平成25年12月25日 http://www.kantei.go.jp/jp/singi/it2/senmon_bunka/douro/dai3/siryou4.pdf

Singh, S. (2004), *Big Bang*, Fourth Estate.

## 第6章

藤田慎一・三浦和彦・大河内博・速水洋・松田和秀・櫻井達也 (2014),『越境大気汚染の物理と化学』成山堂書店

IPCC (2013), Summary for Policymakers. In: Climate Change 2013: The Physical Science Basis. Contribution of Working Group I to the Fifth Assessment Report of the Intergovernmental Panel on Climate Change. Cambridge University Press.

環境庁または環境省編 (1972-2006),「環境白書」.

環境省編 (2007-2008),「環境・循環型社会白書」.

環境省編 (2009-2013),「環境・循環型社会・生物多様性白書」.

国立環境研究所,「地球温暖化が日本に与える影響について」. http://www.env.

go.jp/earth/nies_press/effect/
温暖化影響総合予測プロジェクトチーム,「地球温暖化「日本への影響」——最新の科学的知見」.
石油エネルギー技術センター (2012),「JATOP 技術報告書 大気改善研究 自動車排出量推計」, JPEC-2011AQ-06.
Soda, S., Arai, T., Inoue, D., Ishigaki, T., Ike, M. and Yamada, M. (2013), Statistical Analysis of Global Warming Potential, Eutrophication Potential, and Sludge Production of Wastewater Treatment in Japan. *Journal of Sustainable Energy & Environment*, 4, 1, pp. 33–40.
大気環境学会誌編集委員会 (2013),「入門講座シリーズ 7「地球温暖化」の連載にあたって」『大気環境学会誌』48, 3, A1.

## 第 7 章

青森市 (2014),「コンパクトシティのまちづくり」, http://www.city.aomori.aomori.jp/view.rbz?cd=1275, 2014 年 1 月閲覧.
Dantzig, G. B. and Saaty, T. L. (1974), Compact City, W. H. Freeman (奥平耕造・野口悠紀雄訳 (1977),『コンパクトシティ——豊かな生活空間 4 次元都市の青写真』日科技連).
岩手県矢巾町 (2012),「 矢巾町水道事業の住民参加——地域で支える水道事業の構築を目指して」, 第 3 回新水道ビジョン策定検討会資料, http://www.mhlw.go.jp/stf/shingi/2r98520000027cq9-att/2r98520000027cws.pdf, 2014 年 11 月.
自治体国際化協会 (2011),「英国におけるビジネス改善策 (BID) の取組み」, Clair Report No.366, http://www.clair.or.jp/j/forum/pub/docs/366.pdf, 2014 年 11 月閲覧
海道清信 (2001),『コンパクトシティ 持続可能な社会の都市像を求めて』学芸出版社.
海道清信 (2007),『コンパクトシティの計画とデザイン』学芸出版社.
建設経済研究所・建設物価調査会 (2012),「LCC が建設コストに及ぼす影響に関する基礎的研究」,『建設物価調査会総合研究所総研リポート』, 7, pp. 66–73.
建築解体廃棄物対策研究会 (1999),『解体・リサイクル制度研究会報告——自立と連携によるリサイクル社会の構築と環境産業の創造を目指して』大成出版社.
国土交通省 (2010),「エリアマネジメントのすすめ」, http://tochi.mlit.go.jp/tocsei/areamanagement/web_contents/H20torikumi/data/susume.pdf, 2014 年 10 月閲覧.
国土交通省 (2012a),「国道 (国管理) の維持管理等の現状と課題について」, 国道 (国管理) の維持管理等に関する検討会第 1 回 (2012 年 8 月 1 日) 配布資料, http://www.mlit.go.jp/road/ir/ir-council/road_maintenance/pdf/4.pdf, 2013 年

12 月閲覧.
国土交通省（2012b），「官民連携のまちづくり（都市再生整備計画を活用したまちづくり）」，http://www.mlit.go.jp/toshi/toshi_machi_tk_000047.html，2013 年 10 月閲覧.
国土交通省（2013），「道路統計年報 2013」，http://www.mlit.go.jp/road/ir/ir-data/tokei-nen/2013/nenpo02.html，2014 年 4 月閲覧.
国土交通省（2014a），「新たな「国土のグランドデザイン」（骨子）」，http://www.mlit.go.jp/common/001039872.pdf，2014 年 5 月閲覧.
国土交通省（2014b），「建築着工統計調査報告（平成 25 年度計）」，http://www.mlit.go.jp/common/001041519.pdf，2014 年 7 月閲覧.
国土交通省（2014c），「官民連携まちづくりの進め方――都市再生特別措置法に基づく制度の活用手引き」，http://www.mlit.go.jp/common/000189157.pdf，2014 年 8 月閲覧.
小松幸夫（2008），「1997 年と 2005 年における家屋の寿命推計」『日本建築学会計画系論文集』，632，pp. 2197–2205.
厚生労働省（2014），「平成 25 年人口動態調査」，http://www.mhlw.go.jp/toukei/list/81-1.html，2014 年 10 月閲覧.
内閣府経済財政諮問会議専門調査会「選択する未来」委員会（2014），「未来への選択――人口急減・超高齢化社会を超えて，日本発成長・発展モデルを構築（中間整理）」，http://www5.cao.go.jp/keizai-shimon/kaigi/special/future/shiryou.html，2014 年 5 月閲覧.
根本祐二（2014），「全国自治体公共施設延床面積データ分析結果報告」，https://www.toyo.ac.jp/uploaded/attachment/688.pdf，2014 年 4 月閲覧.
大阪市（2014），「エリアマネジメント活動促進制度」，http://www.city.osaka.lg.jp/toshikeikaku/page/0000263061.html，2014 年 11 月閲覧
リクルート住宅総研（2008），「既存住宅流通活性化プロジェクト，第 4 部住宅総研オリジナル消費者調査の結果」，http://www.jresearch.net/house/jresearch/kizon/pdf/kizon08_all.pdf，2014 年 11 月閲覧.
総務省（2005），「平成 17 年国勢調査」，http://www.stat.go.jp/data/kokusei/2005/index.htm，2014 年 4 月閲覧.
総務省（2010），「平成 22 年国勢調査」，http://www.stat.go.jp/data/kokusei/2010/index.htm，2014 年 4 月閲覧.
総務省（2013），「日本の統計 2014」，http://www.stat.go.jp/data/nihon/index1.htm，2013 年 10 月閲覧.
総務省（2014a），「住民基本台帳人口移動報告（平成 25 年結果）」，http://www.stat.go.jp/data/idou/，2014 年 4 月閲覧.
総務省（2014b），「平成 26 年度版地方財政白書」，http://www.soumu.go.jp/menu_seisaku/hakusyo/，2014 年 4 月閲覧.

社会保障・人口問題研究所（2013），「日本の地域別将来推計人口（2013年3月推計）」，http://www.ipss.go.jp/pp-shicyoson/j/shicyoson13/t-page.asp，2014年3月閲覧.

富山市（2008），「富山市都市マスタープラン　公共交通を軸としたコンパクトなまちづくり」，http://www.city.toyama.toyama.jp/toshiseibibu/toshiseisakika/toshikeikaku/toshimasuttoshim.html，2014年1月閲覧.

United Nations, Department of Economic and Social Affairs, Population Division (2011), World Urbanization Prospects: The 2011 Revision, http://esa.un.org/unup/，2013年6月閲覧.

保井美樹（2005），「米国におけるコミュニティの自立的まちづくり活動――Business Improvement Districtを中心に」，国土交通省国土審議会計画部会ライフスタイル・生活専門委員会第5回資料，http://www.mlit.go.jp/singikai/kokudosin/keikaku/lifestyle/5/shiryou4-1.pdf，2014年11月閲覧.

## 第8章

伊藤幸男・小成寛子（2004），「1990年代におけるチップ生産構造の再編――岩手県の広葉樹チップ生産を事例に」『Journal of Forest Economics』50，pp. 27-37.

上河潔（2010），「製紙産業における国産材利用拡大の可能性について」『森林技術』814，pp. 8-21.

独立行政法人森林総合研究所（2010），「森林による炭素吸収量をどのように捉えるか～京都議定書報告に必要な森林吸収量の算定・報告体制の開発～」，http://www.ffpri.affrc.go.jp/research/dept/22climate/kyuushuuryou/

橘田紘洋（2004），『木造校舎の教育環境：校舎建築材料が子ども・教師・教育活動に及ぼす影響』（財）日本住宅・木材技術センター.

只木良也（1995），「環境資源としての森林」樽谷修編『地球環境科学』朝倉書店，pp. 95-100.

成田雅美（1980），「紙・パルプ資本の対外進出と国内パルプ材市場の再編成」『北海道大學農學部 演習林研究報告』37，1，pp. 1-50.

新島善直・村山醸造（1918），『森林美學』北海道大学図書刊行会.

藤森隆郎（2000），『森との共生――持続可能な社会のために』丸善株式会社.

文部科学省（2007），『あたたかみとうるおいのある木の学校――早わかり木の学校』文教施設協会.

林野庁（2013），『森林・林業白書 平成25年度版』一般財団法人農林統計協会.

FAO (2010), Global Forest Resources Assessment 2010: Main report, FAO Forestry Paper, 163, Rome.

## 第9章

Black, M. and King, J. (2009), *The Atlas of WATER: Mapping the World's Most Critical Resources*, Second Edition, Berkeley : University of California Press（沖大幹監訳，沖明訳（2010），『水の世界地図――刻々と変化する水と世界の問題』丸善）.

Brewer, G. D. (2007), "Inventing the Future: Scenarios, Imagination, Mastery and Control," *Sustainability Science*, 2, pp. 159–177.

Carpenter, S., Pingali, P., Bennett, E. and Zurek, M. (2005), *Ecosystems and Human Well-Being: Scenarios - Findings of the Scenarios Working Group*, Millennium Ecosystem Assessment Series, 2, Washington DC, Island Press.

Cosgrove, W. J. and Rijsberman, F. (2000), *World Water Vision: Making Water Everybody's Business*. London, Earthscan/Thanet Press.

Hara, K. (2006), "Groundwater Contamination and Quality Management Policy in Asia," *International Review for Environmental Strategies*, 6, 2, pp. 291–306.

IGES Freshwater Resources Management Project (2006), "Sustainable Groundwater Management in Asian Cities: A Summary Report of Research on Sustainable Water Management in Asia," Institute for Global Environmental Strategies, http://www.iges.or.jp/en/fw/report01.html, Accessed on Dec 10, 2009.

Intergovernmental Panel on Climate Change (2014), Climate Change 2014: Impacts, Adaptation, and Vulnerability, http://www.ipcc.ch/report/ar5/wg2/

環境庁編（1972），「環境白書」昭和47年版，大蔵省印刷局発行.

Kinzig, A. P., Perrings, C., Chapin III F. S., Polasky, S., Smith, V. K., Tilman, D. and Turner II B. L. (2011), "Paying for Ecosystem Services: Promise and Peril," *Science*, 334, 4, pp. 603–604.

Meadows, D. H., Meadows, D. L. and Randers, J. (1992), *Beyond the limits*, Chelsea Green Publishing（茅陽一監訳，松橋隆二・村井昌子訳（1992），『限界を超えて』ダイヤモンド社，p. 52）

森杉壽芳・岩瀬広（1985），「地盤沈下の被害費用の測定に関する研究」『土木計画学研究・講演集』7，pp. 109–116.

Population Division of the Department of Economic and Social Affairs of the United Nations Secretariat (2007), World Population Prospects: The 2006 Revision, New York, Highlights,

Sampat, P. (2000), *Deep Trouble: The Hidden Threat of Groundwater Pollution*, Worldwatch paper no. 154. Washington, DC: Worldwatch Institute.

United Nations Environment Programme (2003), Groundwater and its Susceptibility to Degradation: A Global Assessment of the Problem and Options for Management.

宇沢弘文・薄井充裕・前田正尚編（2003），『都市のルネッサンスを求めて―社会的共通資本としての都市 1』東京大学出版会.

## 第 10 章

内閣府（2014），「中長期の経済財政に関する試算」（平成 26 年 1 月 20 日 経済財政諮問会議提出）.

## 第 11 章

Baldwin, C. Y. and Clark, K. B. (1997), “Managing in an Age of Modularity,” *Harvard Business Review*, 75, 5, pp. 84–93.

Collins, J. C. and Porras, J. I. (1997), *Built to Last*, New York:Harper-Collins.

David, P. A. (1990), “The Dynamo and Computer: An Historical Perspectove on the Modern Productivity Paradox” *The American Economic Review*, 80, 2, Papers and Second Annual Meeting of the American Economic Association, pp. 355–361.

一般社団法人次世代自動車振興センター・三井情報株式会社（2012），「平成 23 年度電気自動車等の普及に関する調査」

経済産業省次世代自動車戦略研究会（2010），『次世代自動車戦略 2010』.

小林慶一郎（2014），「世代超えた協調は可能か？」日本経済新聞社，経済教室 2014 年 6 月 23 日.

尾崎雅彦（2009），「日本版グリーン・ニューディールの効果――技術優位性維持にも寄与」日本経済新聞社，経済教室 2009 年 4 月 20 日.

Schumpeter, J. A. (1934), *The Theory of Economic Development:An Inquiry into Profits, Capital, Credit, Interest and the BusinessCycle*, Cambridge, Mass:Harvard University Press.

鈴村興太郎編（2006），『世代間衡平性の論理と倫理』東洋経済新報社.

## 第 12 章

堂目卓生（2009），『アダム・スミス――「道徳的感情論」と「富国論」の世界』中央公論新社.

久松真一（1987），『茶道の哲学』講談社.

嘉田由紀子（1989），「環境認識と生活者の意志決定」鳥越皓之編『環境問題の社会理論』御茶の水書房

嘉田由紀子（2000），「生活実践から紡ぎだされる重層的所有観」『環境社会学研究』3, pp. 72–85.

Rawls, J. (1971), *A Theory of Justice*, Harvard University Press（矢島鈞次監訳（1979),『正義論』紀伊国屋書店）
Rawls, J. (1999), *A Theory of Justice*, rev. ed., Harvard University Press.
Schütz, A. (1932), *Der sinnhafte Aufbau der sozialen Welt*, Springer-Verlag（佐藤嘉一訳（1982),『社会的世界の意味構成』木鐸社).
盛山和夫（2011),『社会学とは何か』ミネルバ書房.
富永健一（1995),『社会学講義』中央公論社.
鳥越皓之（1989),「経験と生活環境主義」鳥越皓之編『環境問題の社会理論』御茶の水書房.
鳥越皓之（1999),『環境社会学』放送大学教育振興会.
全国林業改良普及協会（2013), 月刊「林業新知識」12 月号, 全国林業改良普及協会.

# フューチャー・デザイン

七世代先を見据えた社会

2015年4月25日　第1版第1刷発行
2022年3月20日　第1版第3刷発行

編著者　西　條　辰　義

発行者　井　村　寿　人

発行所　株式会社　勁《けい》　草《そう》　書　房

112-0005　東京都文京区水道2-1-1　振替　00150-2-175253
（編集）電話　03-3815-5277／FAX 03-3814-6968
（営業）電話　03-3814-6861／FAX 03-3814-6854
三秀舎・松岳社

© SAIJO Tatsuyoshi　2015

ISBN978-4-326-55073-9　　Printed in Japan

JCOPY ＜出版者著作権管理機構　委託出版物＞
本書の無断複製は著作権法上での例外を除き禁じられています。
複製される場合は、そのつど事前に、出版者著作権管理機構
（電話 03-5244-5088、FAX 03-5244-5089、e-mail: info@jcopy.or.jp）
の許諾を得てください。

＊落丁本・乱丁本はお取替いたします。
ご感想・お問い合わせは小社ホームページから
お願いいたします。

https://www.keisoshobo.co.jp

■西條辰義監修　フロンティア実験社会科学

西條辰義・清水和巳編著　実験が切り開く21世紀の社会科学　A5判　三三〇〇円

西條辰義編著　人間行動と市場デザイン　A5判　三三〇〇円

肥前洋一編著　実験政治学　A5判　三五二〇円

清水和巳・磯辺剛彦編著　社会関係資本の機能と創出　A5判　三三〇〇円

竹村和久編著　選好形成と意思決定　A5判　三六三〇円

亀田達也編著　「社会の決まり」はどのように決まるか　A5判　三三〇〇円

山岸俊男編著　文化を実験する　A5判　三五二〇円

---

西條・宮田・松葉編　フューチャー・デザインと哲学　四六判　三三〇〇円

鷲田祐一編著　未来洞察のための思考法　A5判　三五二〇円

M・トマセロ　橋彌和秀訳　ヒトはなぜ協力するのか　四六判　二九七〇円

＊表示価格は二〇二二年三月現在。消費税（一〇％）を含みます。